METALURGIA DO PÓ

Produtos sinterizados e manufatura aditiva

Associação Brasileira de
Metalurgia, Materiais e Mineração

Coleção de Livros ABM em
Metalurgia, Materiais e Mineração

Diretor de Operações
Valdomiro Roman da Silva

Analista Editorial
Luciane Genzano Cruz

Daniel Rodrigues

METALURGIA DO PÓ

Produtos sinterizados e manufatura aditiva

Patrocínio

Metalpó

BRATS
FILTROS SINTERIZADOS
PÓS METÁLICOS ESPECIAIS

Metalurgia do pó: produtos sinterizados e manufatura aditiva

Editora Edgard Blücher Ltda.

Publisher Edgard Blücher
Editor Eduardo Blücher
Coordenador editorial Rafael Fulanetti
Coordenação de produção Andressa Lira
Produção editorial Gabriella Oliveira
Preparação de texto Ana Lucia dos Santos
Diagramação Roberta Pereira de Paula
Revisão de texto Gabriela Castro e Samira Panini
Capa Laércio Flenic
Imagem da capa Daniel Rodrigues

Blucher

Rua Pedroso Alvarenga, 1245, 4º andar
04531-934 – São Paulo – SP – Brasil
Tel.: 55 11 3078-5366
contato@blucher.com.br
www.blucher.com.br

Segundo o Novo Acordo Ortográfico, conforme 6. ed. do *Vocabulário Ortográfico da Língua Portuguesa*, Academia Brasileira de Letras, julho de 2021.

Dados Internacionais de Catalogação na Publicação (CIP)
Angélica Ilacqua CRB-8/7057

Metalurgia do pó : produtos sinterizados e manufatura aditiva / organizado Daniel Rodrigues. – São Paulo : Blucher, 2024.
206 p. : il (Coleção de livros ABM)

Bibliografia
ISBN 978-85-212-2355-9

1. Metalurgia I. Rodrigues, Daniel II. Série

24-3411 CDD 669

Índices para catálogo sistemático:
1. Metalurgia

APRESENTAÇÃO DA COLEÇÃO DE LIVROS ABM

A Coleção de Livros ABM em Metalurgia, Materiais e Mineração, criada em 2005, tem por principais objetivos suprir lacunas de conhecimentos e estimular o desenvolvimento de pessoas.

De forma a ter uma abordagem mais didática, a coleção foi segmentada em quatro séries:

Livros de Referência – apresentam-se como materiais para consulta rápida de informações úteis, gerais ou focalizadas em um determinado campo do conhecimento, abrangendo, normalmente, tabelas, estatísticas, definições, exemplos, históricos e outros tipos de conteúdo.

Obras de Difusão – têm o propósito de levar a notícia e o conhecimento até o leitor comum, familiarizando-o com a natureza do progresso científico e tecnológico, bem como apresentar implicações econômicas, sociais e políticas, em uma sociedade exposta a constantes mudanças.

Livros de Atualização – fornecem ao leitor mais experiente a abordagem de assuntos especializados que complementam o conhecimento técnico-científico, além de atualização sobre os progressos nas áreas de metalurgia, materiais e mineração.

Livros-texto – destinam-se a leitores iniciantes ou que queiram se aprofundar no assunto, abordando temas de Fundamentos, Matérias-primas e Processos, Produtos e Aplicações e Gestão, seguindo uma sequência lógica de assunto e grau progressivo de dificuldade, compatíveis com a finalidade didática do livro.

O livro *Metalurgia do pó: produtos sinterizados e manufatura aditiva* é fruto de mais uma parceria entre ABM e Editora Blucher, e vem enriquecer a Coleção de Livros, contribuindo com a série Livros-texto.

abm
Associação Brasileira de
Metalurgia, Materiais e Mineração

Valdomiro Roman da Silva
Diretor de Operações

CONTEÚDO

PREFÁCIO

Nesta primeira edição de *Metalurgia do pó: produtos sinterizados e manufatura aditiva*, procuro apresentar o conteúdo de maneira clara e objetiva, de modo a proporcionar a estudantes e profissionais um primeiro contato com o assunto. Aqui, os temas são abordados com maior ou menor profundidade, dependendo da natureza e complexidade, e busco tratar o conteúdo de modo que possibilite uma investigação mais profunda posteriormente, havendo interesse. Trata-se de uma abordagem mais tecnológica, na qual aspectos fundamentais são apresentados na medida necessária para suportarem os aspectos tecnológicos.

Considerarei aqui *metalurgia do pó* (M/P) como, principalmente, um processo metalúrgico para conformação de metais e produção de peças a partir de pós metálicos. Começo com questões básicas que permitirão vincular o processo de fabricação, incluindo matérias-primas (sobretudo pós metálicos), com o produto metálico conformado. Este texto reflete, como não poderia deixar de ser, minha experiência profissional, acadêmica e industrial, iniciada em 1985 na então Divisão de Metalurgia do Instituto de Pesquisas Tecnológicas do Estado de São Paulo (IPT); e hoje na empresa Brats, da qual sou fundador (2002) e que hoje produz principalmente componentes apenas possíveis por M/P, como filtros sinterizados em aço inoxidável, materiais magnéticos e metal duro (*cemented carbides*).

Do ponto de vista histórico, poderia retroceder, como muitos fazem, ao Pilar de Déli, monumento datado de algumas centenas de anos antes de Cristo, localizado na Índia, que foi produzido, muito provavelmente, pela conformação de pós de ferro obtidos por redução direta. No entanto, do ponto de vista da engenharia do processo, penso ser mais conveniente considerar como o precursor da M/P a conformação de pós para fabricação de filamentos de tungstênio, utilizados em lâmpadas incandescentes, cuja primeira versão comercial data de 1879. Estes, por sua vez, começaram com filamentos de grafite, migrando rapidamente para os de tungstênio, usados até o desaparecimento das lâmpadas incandescentes, há poucos anos substituídas pelas fluorescentes, que, pela mesma razão (a eficiência), vêm sendo substituídas pelas de LED (*light-emitting diode*). Os filamentos de tungstênio eram produzidos a partir de pós de tungstênio aglomerados com produtos orgânicos, que eram, então, extrudados e sinterizados. Esse processo é, até certo ponto, parecido com a moldagem de pós por injeção (*MIM, do inglês metal injection molding*) do final do século passado, que vem sendo usada com sucesso para peças metálicas menores e complexas.

Por outro lado, se considerarmos peças sinterizadas em aço ou bronze, podemos dizer que foi a década de 1930 o "berço" do que conhecemos hoje como metalurgia do pó. No Brasil, a metalurgia do pó deu seus primeiros passos na década de 1940, com iniciativas como as do prof. Vicente Chiaverini, consolidadas na 4ª Edição (2001) do livro *Metalurgia do Pó*. Chiaverini trabalhava no Instituto de Pesquisas Tecnológicas (IPT) na época. Coincidentemente, trabalhei no mesmo laboratório que ele, de 1985, quando entrei como estagiário de engenharia, até sair em 2010 para dedicar-me exclusivamente à empresa Brats, que vem inovando em M/P, contando com o fundamental apoio de instituições de fomento, particularmente a Fundação de Amparo à Pesquisa do Estado de São Paulo (Fapesp). Acabei traçando o mesmo caminho que o prof. Chiaverini, migrando de uma instituição de pesquisa (IPT) para uma empresa *spin-off* (Instituto de Pesquisas Energéticas e Nucleares – IPEN), fundada com colegas pesquisadores da Universidade de São Paulo (USP). Como tive a oportunidade de trabalhar um bom tempo em um mundo preponderantemente acadêmico, concluí ambos, mestrado (1991) e doutorado (1997), em M/P. O mestrado, em materiais magneticamente moles para usos em frequências mais elevadas (Ligas Fe3Si sinterizadas), e o doutorado, em moldagem de pós por injeção (MPI, do inglês *metal injection molding*), resultado de um estágio de três meses realizado na *Brunel University London*.

Desde a última versão de *Metalurgia do pó* (2001), muita coisa aconteceu em termos de novos processos e aplicações no âmbito da M/P, tanto no que se refere à produção de pós metálicos como na conformação de componentes (peças) a partir destes.

Destacamos neste livro o processo particularmente novo para metais que vem sendo denominado de *manufatura aditiva* (MA) ou *impressão 3D*. Trata-se de um processo disruptivo, sem dúvida, que tem chamado a atenção de pesquisadores, instituições de pesquisa e empresas. Apresentarei aqui o processo de maneira simples e com uma visão particular, considerando os pós metálicos como principal matéria-prima e a microestrutura do produto como principal figura de mérito para o produto conformado.

Passarei, neste texto, pelo que se costuma chamar de M/P convencional, discutindo aspectos relacionados a matérias-primas, pós metálicos, e processos de conformação destes, sendo o mais extensivamente utilizado a compressão uniaxial. Abordarei processos menos convencionais, como a MPI e a manufatura aditiva aplicada a ligas metálicas.

No ano de 2025, completo 40 anos dedicados quase exclusivamente à metalurgia do pó. Fiz muitos amigos na área, e alguns já se foram. Destaco dois colegas, que se tornaram amigos: Lucio Salgado e Francisco Ambrozio Filho, infelizmente falecidos, mas tendo deixado grande legado na área. Além deles, mais dois outros amigos da USP, Flavio Beneduce Neto e João Pedro Valls Tosetti, e eu fundamos a empresa Brats. Flavio é professor da Escola Politécnica da USP, e João Pedro, professor do Instituto Tecnológico de Aeronáutica (ITA).

Agradeço a todos os colegas com quem compartilhei e continuo compartilhando desafios relacionados à metalurgia do pó, alguns deles mais fundamentais e outros mais aplicados tecnológicos e comerciais.

Daniel Rodrigues

CAPÍTULO 1
Introdução

O termo *metalurgia do pó* (M/P) será utilizado aqui para se referir ao processo de conformação aplicado a metais e ligas metálicas. Trata-se do processo que envolve a produção de pós metálicos e de sua conformação ou consolidação, sendo esta por compressão e sinterização, ou por qualquer outro processo que venha a conferir o desempenho desejado ao componente metálico produzido, como moldagem de pós por injeção (MPI) ou manufatura aditiva (MA), popularmente conhecida por "impressão 3D para metais". Desempenho é sempre algo muito difícil de ser dimensionado e pode envolver um conjunto de qualidades nem sempre quantificáveis. A Figura 1.1 apresenta o conhecido tetraedro dos materiais, que relaciona o desempenho diretamente com o processo de fabricação, sustentado pelo binômio microestrutura-propriedades. Quanto mais profundamente se conhece o binômio processo e desempenho, mais efetivo é o ajuste da fabricação no sentido de atender ao desempenho objetivado, especificado por meio de propriedades determinadas por normas e procedimentos.

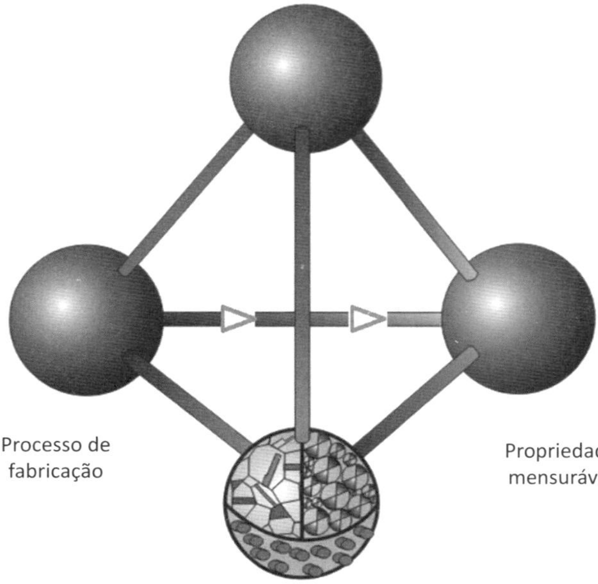

Figura 1.1 Tetraedro dos materiais, que pode ser usado para o entendimento do desempenho de componentes obtidos no âmbito da M/P, seja ele um produto compactado uniaxialmente e sinterizado, seja manufaturado aditivamente por impressão 3D.

Tem sido usado mais recentemente o termo *tecnologia do pó*, para deixar mais clara a grande interface que há entre os produtos metálicos obtidos por M/P e os produtos cerâmicos, majoritariamente produzidos também pela conformação de pós. Aqui, vamos nos restringir aos produtos metálicos e mencionaremos os cerâmicos quando analogias forem didáticas. O objetivo principal deste texto relaciona-se com o processo que envolve a produção de peças a partir de pós metálicos, como as apresentadas nas Figuras 1.2 e 1.3. Na Figura 1.2a, observam-se peças em aço, com formato complexo porém simétrico, o que simplifica a compactação. São peças com elevada densidade (cerca de 90% da teórica), mas com presença de poros residuais, como discutiremos mais adiante. A Figura 1.2b apresenta produtos sinterizados metálicos funcionais, mais especificamente mancais porosos autolubrificantes, só possíveis de serem obtidos por M/P. Já a Figura 1.3 apresenta exemplos de peças obtidas por MPI e por impressão 3D, para as quais a elevada complexidade de forma chama a atenção. Peças como as da Figura 1.3 não são possíveis pelo que chamamos de M/P convencional, basicamente compactação e sinterização.

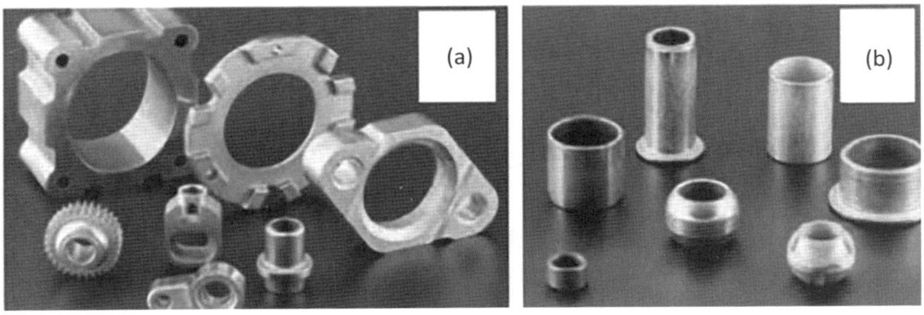

Figura 1.2 Exemplos de peças produzidas por metalurgia do pó. Em (a), peças em aço cuja forma complexa é o diferencial. Em (b), peças funcionais, porosas, de aço e ligas de cobre, usadas como mancais autolubrificantes.

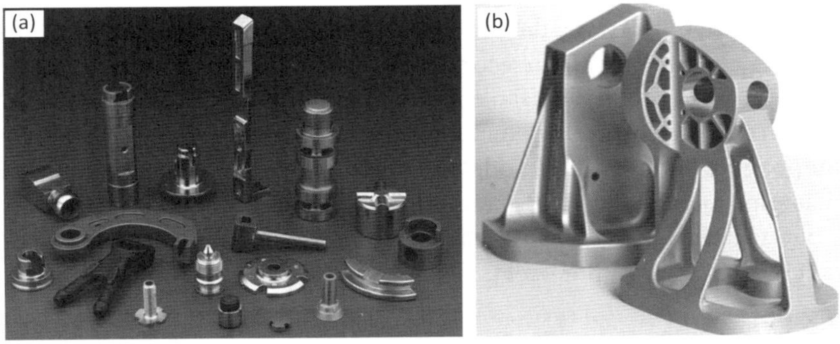

Figura 1.3 Exemplos de peças produzidas por MPI e por impressão 3D (MA).

A Figura 1.4 apresenta um fluxograma genérico relacionado com processos que envolvem a conformação de pós. As propriedades físicas e químicas da matéria-prima (o pó metálico), bem como a forma e a distribuição de tamanho de partícula, devem ser adequadas aos processos de conformação a serem empregados. Se, por exemplo, a conformação for por compressão e sinterização (M/P convencional), o pó deve ser "macio" o suficiente para deformar plasticamente na compressão. Se a conformação for por MPI ou impressão 3D, o pó deve, dependendo do processo, ser fino e esférico. A adequada combinação de pós e processos pode proporcionar o desempenho desejado.

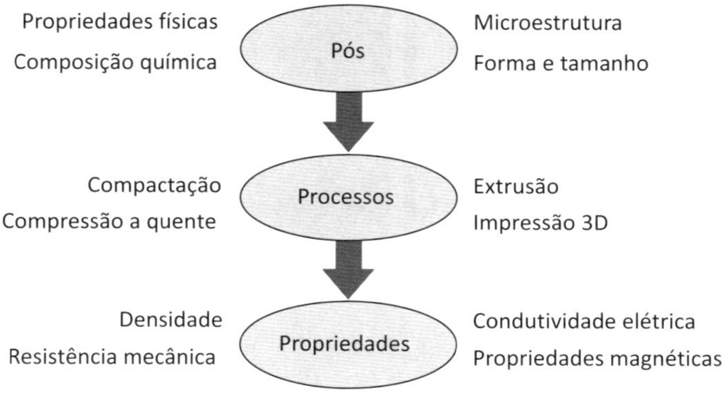

Figura 1.4 Características gerais do processo M/P.

A Figura 1.5 apresenta o diagrama de Venn, que coloca a metalurgia do pó como rota única, cativa ou competitiva (fator econômico). A M/P é um processo *cativo* para aqueles casos em que o ponto de fusão é muito elevado (metais refratários) ou o metal é muito reativo e pouco estável em temperaturas mais altas. A M/P é *econômica* quando o componente pode ser produzido com um custo menor, atendendo a um desenho e às suas especificações com elevada produtividade. É um processo *único*, na medida em que viabiliza a produção de ligas complexas ou mesmo compósitos (materiais metálicos e cerâmicos, por exemplo), de modo a obter uma microestrutura única.

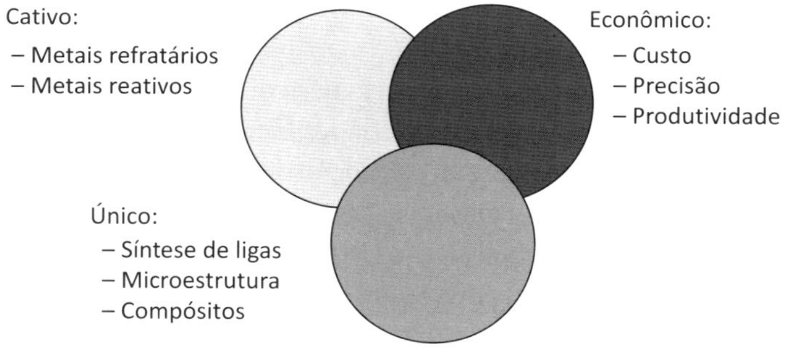

Figura 1.5 Nichos em que atua a M/P.

A M/P é única, por exemplo, na produção de peças porosas (filtros e mancais), ímãs, contatos elétricos e escovas, metal duro etc. É cativa no caso de metais refratários (metal pesado) e reativos difíceis de serem conformados por outros processos. Do ponto de vista econômico, compete com outros processos de conformação, mecânicos ou metalúrgicos, como usinagem, fundição e forjamento. A M/P é um processo eminentemente *near net shape*, ou seja, tem por objetivo a produção de peças acabada quanto a vista de formas e dimensões. Além disso, podemos considerar que processos no âmbito da metalurgia do pó são amigáveis do ponto de vista ambiental, com baixíssima geração de resíduos. Adicionalmente, é um processo com potencial para reúso de resíduos particulados industriais das mais diferentes origens.

A plasticidade dos metais e o grande espectro quanto à temperatura de fusão do mercúrio ao tungstênio fazem com que sejam muitos os processos de conformação utilizados na produção de componentes metálicos. Esses processos podem ser mecânicos, envolvendo deformação plástica e/ou corte, ou metalúrgicos, envolvendo temperatura; utilizando a fusão, como nos processos de fundição, ou não, como na sinterização. A Figura 1.6 procura apresentar, de forma simplificada, como alguns desses processos se posicionam, considerando o volume de produção e a complexidade de forma. Estamos tomando como processos no âmbito da M/P aqueles que partem do pó e chegam a um produto conformado, a M/P convencional (compactação e sinterização), a MPI e grande parte dos processos de impressão 3D para metais.

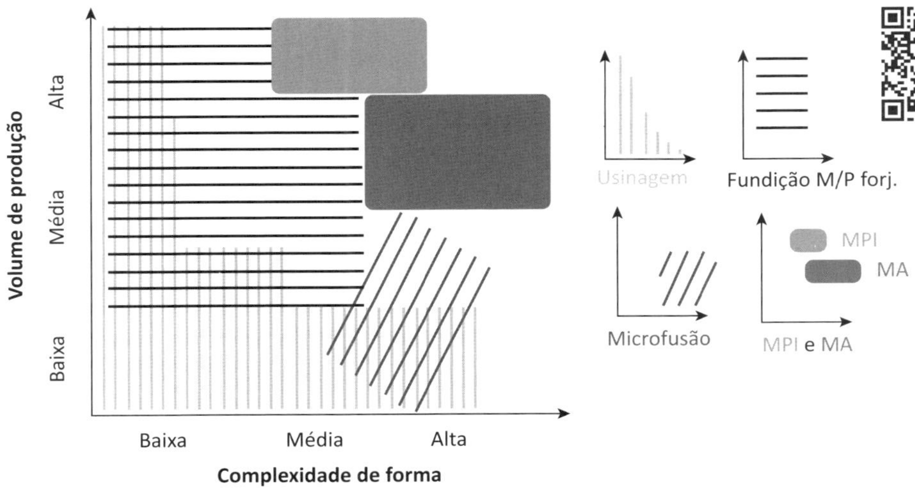

Figura 1.6 Nichos para M/P convencional e para processos no âmbito da M/P como MPI e MA, comparativamente com alguns outros processos clássicos utilizados na conformação de metais.

A M/P convencional, principalmente aquela voltada para grandes mercados, como o automotivo, compete com processos, como forjamento e fundição. A M/P é adequada para lotes relativamente grandes e para peças de complexidade entre média e elevada, desde que tenha simetria adequada para processos de compactação. A MPI compete com a microfusão (fundição de precisão ou por cera perdida) no que se refere à complexidade de forma, mas atende a maiores volumes de produção. Processos mais recentes de manufatura aditiva ainda não atendem a grandes volumes de produção, mas são únicos no que se refere à complexidade de forma e a um atendimento topológico exclusivo, como no caso de estruturas metálicas ocas.

Muito se fala de questões históricas relacionadas com o surgimento de processos de conformação a partir de pós metálicos. Do ponto de vista artesanal, é mesmo um processo muito antigo, e há referências quanto à conformação de pós para a produção de ferramentas pelos egípcios (~3000 a.C.). A M/P, do ponto de vista de um processo industrial para a produção de peças metálicas é bem mais recente e marcada pela produção de filamentos para lâmpadas incandescentes, entre o final do século XIX e o começo do século XX. A partir de 1920, com o início do processo de fabricação de metal duro, a M/P começou efetivamente a participar do processo produtivo industrial. Entre 1920 e 1930, com a evolução dos processos de produção de pós metálicos, sinterizados à base de ligas de ferro e ligas de cobre começaram a ser produzidos industrialmente. A Tabela 1.1 apresenta, de forma resumida, eventos relacionados com a evolução técnica e científica de processos no âmbito da M/P. A primeira metade do século XX, com o advento do metal duro, dos porosos (filtros e mancais) e dos aços sinterizados, popularizou-se como rota de conformação de metais. Fica claro que o processo começou como rota única possível, a exemplo dos filamentos, do metal duro e dos porosos, e evoluiu concorrendo com outros processos de fabricação, particularmente no caso dos aços. No final do século XX, a moldagem de pó por injeção conferiu aos metais a mesma flexibilidade quanto à conformação dos termoplásticos, apresentando-se como alternativa econômica no que se refere a formato e capacidade de produção, concorrendo principalmente com a fundição de precisão. No entanto, ocupou um espaço menor que o imaginado na época, ficando restrito a peças pequenas para setores específicos, como odontológico e armamentista. No começo deste século XXI, é a MA que se apresenta como processo que, partindo de pós metálicos, poderá tomar com vantagens espaços ocupados por outros processos de conformação.

Tabela 1.1 Eventos relevantes relacionados à M/P

Ano	Desenvolvimento
1822	Pós de platina conformados em lingotes
1826	Compactados de platina sinterizados comercialmente em alta temperatura
1829	Método Wollaston: produção de conformados a partir de esponja de platina
1830	Sinterização de vários metais
1859	Processo de fusão da platina
1870	Patente dos mancais sinterizados
1878-1900	Filamentos para lâmpadas incandescentes
1915-1930	Metal duro e compósitos com matriz metálica
1900-1930	Filtros metálicos sinterizados
1920	Produção comercial de mancais autolubrificantes
1940	Tecnologia para produção de pós metálicos
1950-1970	Sinterização dos aços e forjamento na M/P
1970	Compactação a quente, M/P dos aços ferramenta e M/P das superligas
1980	Solidificação rápida e MPI
1980 - 1990	Intermetálicos, compósitos de matriz metálica
1990 - 1995	*Spray forming*, M/P dos nanoestruturados e compactação a morno
1995	Impressão 3D para metais
2010	Expansão de técnicas MA aplicadas a metais

Antes de apresentarmos e discutirmos aspectos específicos da M/P, vale traçar um paralelo entre a M/P convencional, MPI e a MA para metais. A Figura 1.7 resume o processo convencional, utilizado na fabricação de produtos sinterizados, que parte de uma mistura de pós, elementares ou pré-ligados, passa por um processo de conformação, muito frequentemente por compactação uniaxial, e termina com um tratamento térmico, a sinterização, que, na maioria dos produtos, não envolve fase líquida (fusão). Quando necessário, operações complementares, como tratamentos térmicos e de superfície, são empregadas. Produtos sinterizados, produzidos convencionalmente, já estão finalizados após a sinterização e costumam ter bom acabamento superficial e precisão dimensional. No entanto, dependendo das especificações, operações de calibração (ajuste dimensional e de superfície por conformação a frio em ferramenta fechada) podem ser empregadas.

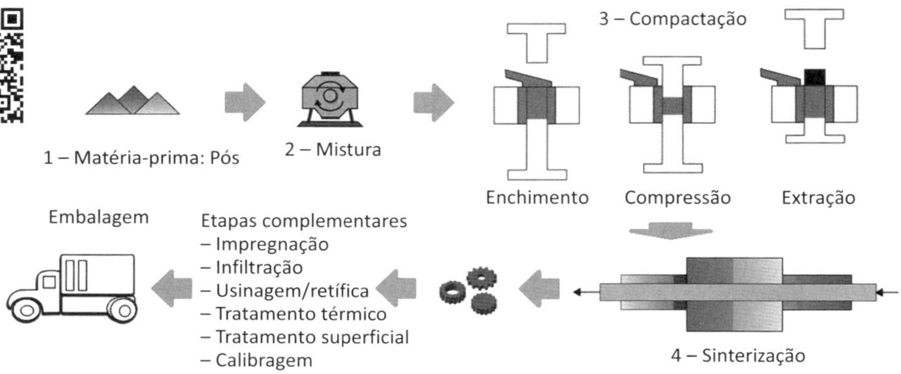

Figura 1.7 Resumo do processo de fabricação por M/P convencional.

A Figura 1.8 resume, ilustrativamente, o processo de moldagem de pós por injeção, ou *metal injection molding* (MIM), ainda muito restrito a peças pequenas, de elevada complexidade de forma e com grande volume de produção. Uma mistura de pó metálico com materiais poliméricos é injetada, dando forma ao produto, que é então tratado térmica e quimicamente para remoção dos constituintes orgânicos e consolidação por sinterização, passando por elevada contração até a obtenção do componente final. É importante entender melhor esse processo, já que, em vários aspectos, assemelha-se aos aplicados em processos indiretos de manufatura aditiva. Destacam-se aspectos comuns, como as características físicas dos pós metálicos, a produção do *feedstock* (mistura entre metal e orgânicos para injeção ou impressão), etapas como remoção dos aglomerantes (*debinding*) e sinterização.

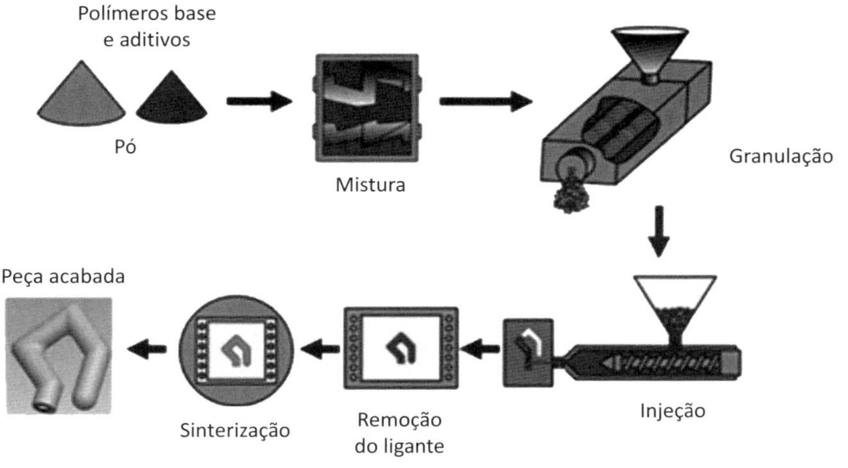

Figura 1.8 Ilustração do processo de conformação de metais por injeção, a MPI (também conhecida como *metal injection molding*, em inglês).

A Figura 1.9 procura diferenciar os processos de manufatura aditiva, classificando--os em diretos e indiretos. Nos processos diretos, sejam eles camada a camada, como fusão em leito de pó, sejam por deposição direta de energia, o produto sai acabado, ou semiacabado. Tais processos cobrem um amplo espectro no que se refere ao tamanho do produto conformado, mas a deposição direta se caracteriza pela produção de semiacabados maiores. Já os processos indiretos têm como característica uma etapa de sinterização, como na MPI.

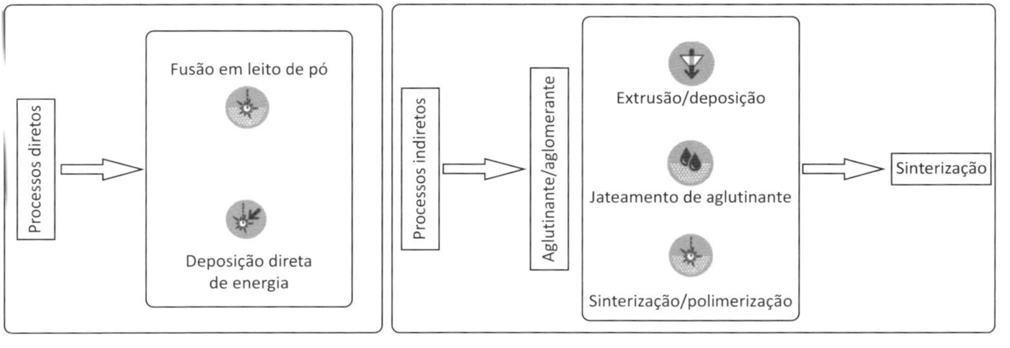

Figura 1.9 Classificação de processos de MA em processos diretos e indiretos.

Teremos oportunidade de, nos capítulos que se seguem, discutir mais profundamente os pontos apresentados nesta introdução.

CAPÍTULO 2
Processos de fabricação de pós metálicos

As principais matérias-primas para a fabricação de um produto metálico, por M/P convencional ou por impressão 3D, são os pós, sejam eles elementares, como pós de ferro, cobre, titânio, alumínio e níquel, sejam na forma de ligas metálicas, como os aços inoxidáveis, latão, bronze, ligas alumínio e ligas de titânio. Vários podem ser os processos aplicados na fabricação desses pós metálicos, dependendo da aplicação e das propriedades/desempenho do produto acabado. Algumas são as classificações quanto aos processos de fabricação de pós, e talvez a mais genérica e precisa delas seja a que considera três categorias: processos mecânicos, metalúrgicos e químicos. Detalhamos a seguir essa classificação, de modo a evoluir na identificação e na nomenclatura de processos específicos:

- processos mecânicos: moagem;
- processos metalúrgicos: envolvendo fusão do metal ou liga, como a atomização; e
- processos químicos: por precipitação, eletrolíticos, decomposição gasosa e redução.

De modo geral, qualquer metal ou liga metálica pode ser transformada em pó por um desses métodos. O mais conveniente é que deve considerar principalmente questões, como reatividade, temperatura de fusão, tamanho de partícula (distribuição granulométrica) desejada, formato das partículas, densidade aparente, escoabilidade (tempo de escoamento) etc. O método escolhido também pode levar em conta o processo de conformação do pó a ser empregado. Se o método for compressão uniaxial seguida de sinterização, por exemplo, o pó deve deformar plasticamente com facilidade, exibindo boa resistência na condição de compactado (resistência a verde). Para isso, o pó não pode ser endurecido, química ou termicamente, e ainda deve possuir um formato irregular, de modo a propiciar um intertravamento entre as partículas na compactação, garantido boa resistência à manipulação e facilitando transporte para a sinterização. Para processos que envolvem compressão isostática (hidrostática) ou apenas vibração, formato e resistência à compressão das partículas não são tão importantes, apesar de que em processos que envolvem apenas vibração, como os usados para filtros de bronze sinterizados, pós esféricos são desejáveis. A questão do formato é particularmente importante para processos de MPI e impressão 3D, sendo o formato esférico necessário ou desejável nos dois casos, o que garante boa escoabilidade e empacotamento.

Os metais, sejam elementares, sejam na forma de ligas, são normalmente muito dúcteis, o que dificulta o uso de processos mecânicos, como a moagem, para a produção de pós de forma eficiente e econômica. Alguns artifícios de fragilização podem ser empregados para metais e ligas, tornando viáveis técnicas como a moagem (por exemplo, a fragilização pela formação do hidreto metálico).

Nem todo pó metálico é usado para a fabricação de peças, seja por compactação/sinterização, seja por impressão 3D, de modo que outras características desejáveis fazem com que processos específicos de fabricação sejam necessários. Pós metálicos podem ser usados como pigmentos em tintas, carga para adequação de propriedades em termoplásticos, catalisadores etc. Para essas aplicações, tamanho de partícula ou mesmo distribuição granulométrica e forma devem ser ajustadas. Processos químicos, por precipitação ou decomposição gasosa, possibilitam a obtenção de partículas extremamente finas, importantes em aplicações como a catálise. Pós metálicos reduzidos a partir de seus respectivos óxidos apresentam formato extremamente irregular, possuem elevada superfície específica e possibilitam elevada resistência após compressão uniaxial (resistência a verde). Pós usados no revestimento por aspersão térmica (metalização) requerem boa escoabilidade (baixo tempo de escoamento) e devem ser preponderantemente esféricos.

2.1 ATOMIZAÇÃO

Processos para produção de pós metálicos, elementares ou ligas que envolvem fusão são os mais versáteis, produtivos, econômicos e que normalmente conferem propriedades para atender a diversos outros processos e aplicações. O metal na forma líquida pode ser desintegrado de diferentes formas, dependendo das características objetivadas para o pó. Entre esses processos, o mais consagrado é o denominado *atomização*, que pode ser definido como uma técnica para produção de pós pela desintegração de metal líquido e consequente geração de gotas em alta temperatura, que tendem a solidificar rapidamente, formando partículas. Tanto pós de metais puros como ligas metálicas podem ser obtidos por atomização. Trata-se de um processo bastante flexível, cujo controle pode ser relativamente complexo, tendo de considerar as inúmeras variáveis independentes. A Figura 2.1 ilustra o aspecto mais importante de uma atomização: a desintegração do filete de metal líquido, gerando gotas, que darão origem às partículas que compõem o pó metálico assim produzido. O metal fundido alimenta um *tundish*, que possui um orifício no fundo pelo qual passará, forçadamente ou pela ação da gravidade, o metal líquido, gerando um filete que é atingido por um fluido com elevada energia cinética, podendo ser principalmente água ou gás. Conceitualmente, é um processo que converte a energia cinética contida no fluido em energia de superfície.

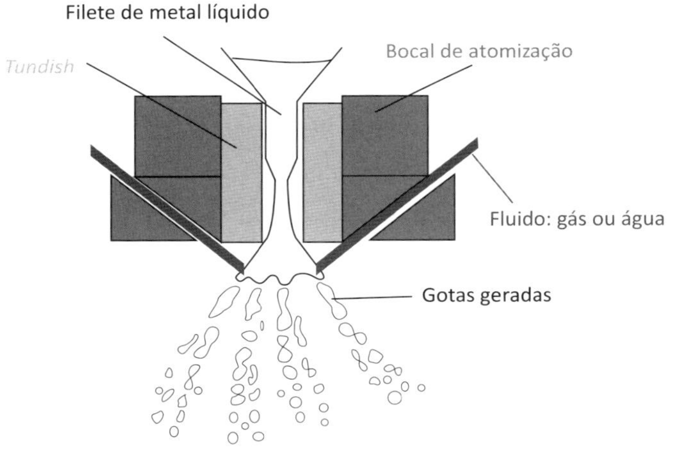

Figura 2.1 Ilustração do processo de atomização, destacando a geração de gotas a partir da desintegração de um filete de metal líquido por meio de um fluido, água ou gás.

Os processos de atomização mais clássicos podem ser divididos em três categorias: atomização a água, atomização a gás e atomização por centrifugação. Devido à necessidade de se obter pós esféricos, geralmente mais finos, com distribuições granulométricas fechadas, para serem utilizados em impressão 3D, surgiram processos para esferoidização de partículas, como os que usam plasma em leito fluidizado. Essa é apenas uma classificação genérica, já que vários arranjos podem ser empregados envolvendo metal líquido, gotas e partículas solidificadas.

A atomização a água é o processo mais comum para produção de pós metálicos ou de ligas metálicas, principalmente em grandes quantidades. É limitado no que se refere à temperatura de fusão, de modo que são usados, normalmente, metais ou ligas que fundem abaixo de 1.600 °C; assim, um superaquecimento em relação à temperatura de fusão (100 a 200 °C) pode ser alcançado normalmente por um forno de indução ou arco elétrico. A Figura 2.2 ilustra o processo de atomização a água. O metal é fundido e tratado metalurgicamente no cadinho durante a fusão, sendo então transferido para um *tundish*, onde é gerado um filete de metal líquido que é desintegrado por um jato (ou vários) d'água. O arranjo de atomização pode variar, no que se refere ao ângulo de atomização entre o jato d´água e o filete de metal e à geometria do jato d'água, podendo ser jatos pontuais (bicos) ou cortina cônica (anel). É necessário um jato d'água de alta energia, combinando vazão e velocidade. Pressões d'água nesse processo variam de 5 a 20 MPa, o que resulta em velocidades de 70 a 250 m/s. Vazões típicas de metal líquido que passa pelo *tundish* ficam entre 10 e 100 kg/min. A eficiência global do processo é superior ao verificado na desintegração mecânica e mesmo assim é muito baixa. Como a atomização normalmente se dá em estado não estacionário e em fluxo turbulento, o tratamento teórico do processo costuma ser bastante complicado.

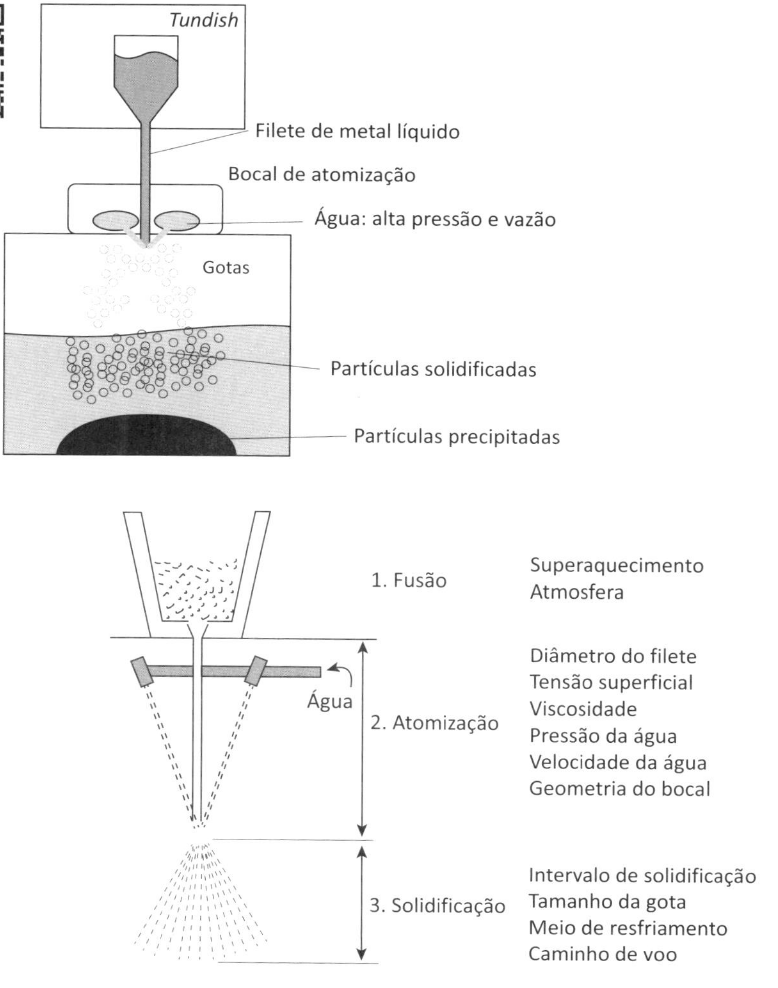

Figura 2.2 Processo de atomização a água e seus principais parâmetros.

O tamanho de partícula obtido por atomização a água fica, normalmente, entre 30 e 1.000 μm. Diferentes morfologias podem ser obtidas, dependendo da configuração e dos parâmetros utilizados. Com o aumento do superaquecimento e da velocidade d'água, e o decréscimo da razão metal/água, a morfologia tende a ser irregular, com ganho da resistência a verde para compactados uniaxialmente a frio. A atuação na pressão d'água, além de simples, é muito eficiente no controle do tamanho médio de partícula. Quanto maior a pressão, mantendo as demais variáveis constantes, menor o tamanho de partícula.

A Figura 2.3 apresenta detalhes de um bocal de bicos para atomização a água, com quatro pontos convergentes de injeção que desintegram o filete de metal líquido.

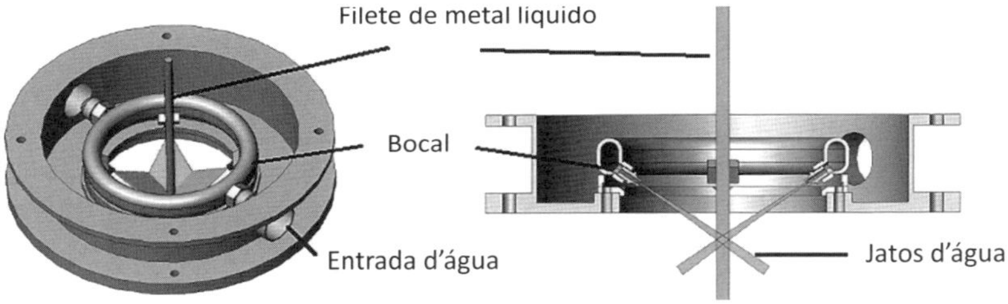

Figura 2.3 Detalhamento do bocal de bicos com 4 pontos de injeção d'água.

Na Figura 2.4, é possível observar parte de uma planta piloto de atomização a água (Brats) para produção de lotes de 50-100 kg/batelada. O cadinho basculante de um forno de indução (75 kW) alimenta um *tundish* que gera um filete de metal líquido, com diâmetro de aproximadamente 9,0 mm.

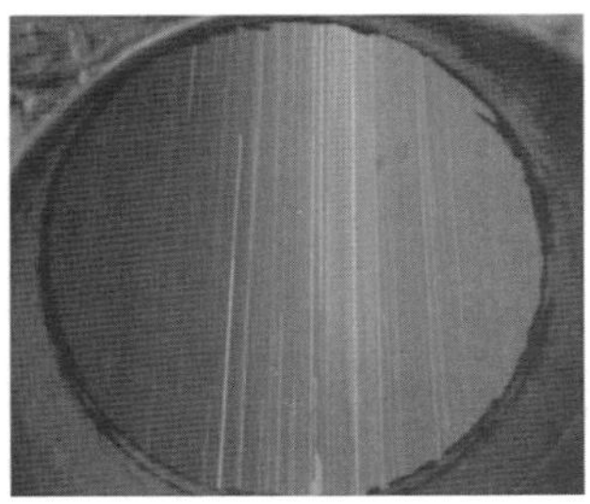

Spray de metal em alta temperatura gerado pelos jatos d'água de alta pressão e vazão que atinjem o filete criado pelo *tundish*.

Figura 2.4 Planta piloto de atomização a água (Brats). Detalhe do spray formado por gotas de metal em alta temperatura na câmara de atomização.

O uso de gases, como nitrogênio, hélio ou argônio em vez de água para desintegrar o filete de metal líquido caracteriza o que se chama de *atomização a gás*. O metal líquido é desintegrado pelo gás pressurizado, que sai pelo bocal de atomização, podendo este ter diversos projetos e configurações.

A Figura 2.5 apresenta o arranjo para atomização a gás, constituído por três regiões: a câmara de fusão (geralmente sob vácuo), a câmara de atomização (onde ocorrem a desintegração do metal líquido e a formação do spray) e duas regiões onde são coletadas as partículas, sendo as mais finas arrastadas pelo gás até um ciclone e as não tão finas coletadas na parte inferior da câmara de atomização.

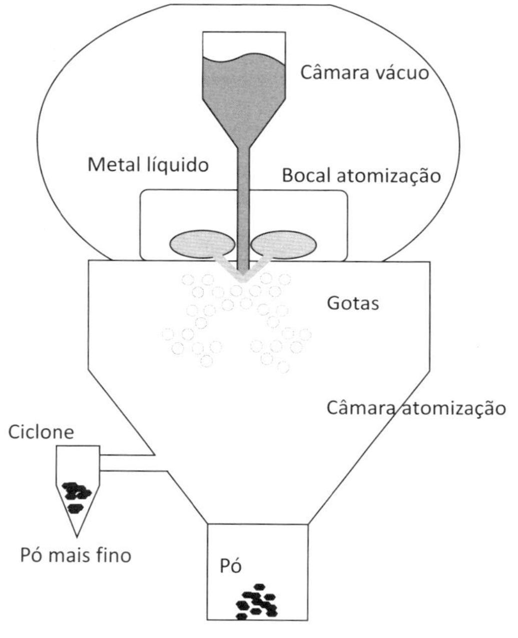

Figura 2.5 Esquema de arranjo para atomização a gás.

A Figura 2.6 mostra detalhes na desintegração. Basicamente são duas as configurações: *free fall* ou *close-coupled*. Na configuração *free fall*, a geometria é parecida com a usada em atomização a água, e, neste caso, jatos de gás a um certo ângulo α em relação ao filete de metal desestabilizam o filete de metal líquido, gerando gotas que se convertem em partículas com a perda de temperatura. Na configuração *close-coupled*, o gás tangencia o filete de metal líquido, gerando grande turbulência e produzindo gotas muito finas, ou seja, viabilizando a produção de um pó consideravelmente mais fino. Pós produzidos por atomização a gás são, geralmente, mais finos e arredondados que os produzidos por atomização a água. A fusão para atomização a gás é geralmente sob vácuo, o que possibilita a manipulação de metais mais reativos, além de facilitar a passagem do metal líquido para a câmara de atomização pela pressurização da câmara de fusão, mesmo que através de orifícios menores (filamentos de metal líquido mais delgados).

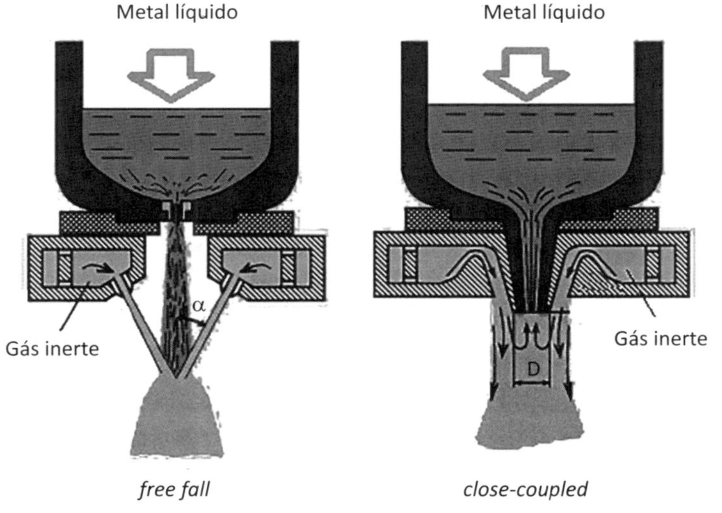

Figura 2.6 Detalhe da desintegração durante atomização a gás, considerando as duas principais configurações, *free fall* e *closed-coupled*.

Variáveis comumente empregadas em atomização a gás para uma liga metálica cujo ponto de fusão é aproximadamente a 1.400 °C são apresentadas a seguir:

- gás: argônio;
- pressão: 2 MPa (até 5 MPa é comum);
- velocidade de gás: 100 m/s;
- superaquecimento: 150 °C;
- ângulo de atomização: 40 °C
- fluxo de metal: 20 kg/min.

A Figura 2.7 apresenta o aspecto de um atomizador a gás utilizado na produção de pequenos lotes (de 5 a 10 kg) de pós metálicos. Trata-se de um equipamento *close-coupled*, com fusão (por indução) e vazamento pelo mesmo cadinho, por meio de acionamento de uma *stopper rod*, conforme ilustrado na Figura 2.8. Nesse caso, não há basculamento, e o filete de metal líquido é gerado no próprio cadinho de fusão, pela movimentação de um varão (*stopper rod*), permitindo que o metal escoe por um orifício. Aqui, a fusão se dá sob vácuo, e, para facilitar a passagem do metal líquido mesmo para diâmetros de filete muito pequenos (2 mm), a câmara de fusão é pressurizada, forçando o metal líquido através da câmara e passando pelo bocal de atomização.

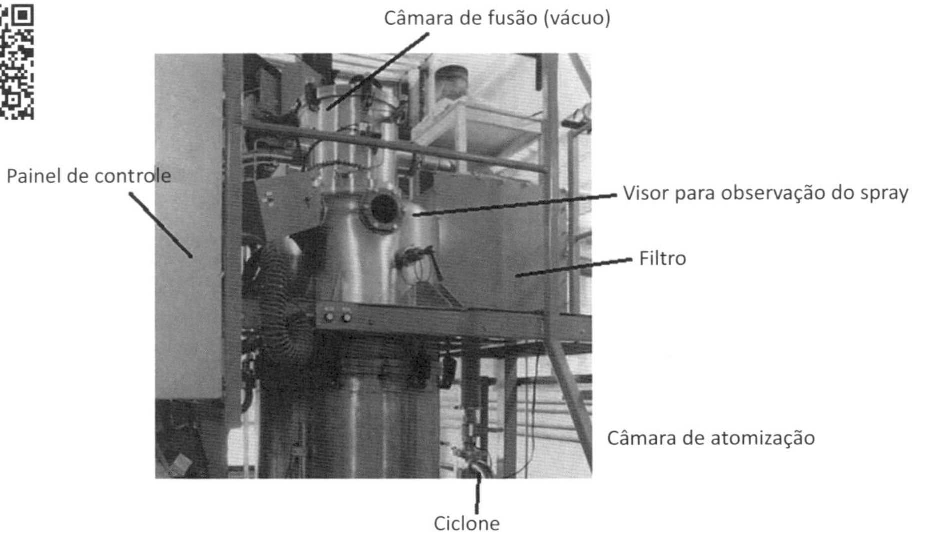

Figura 2.7 Atomizador a gás de escala laboratorial.

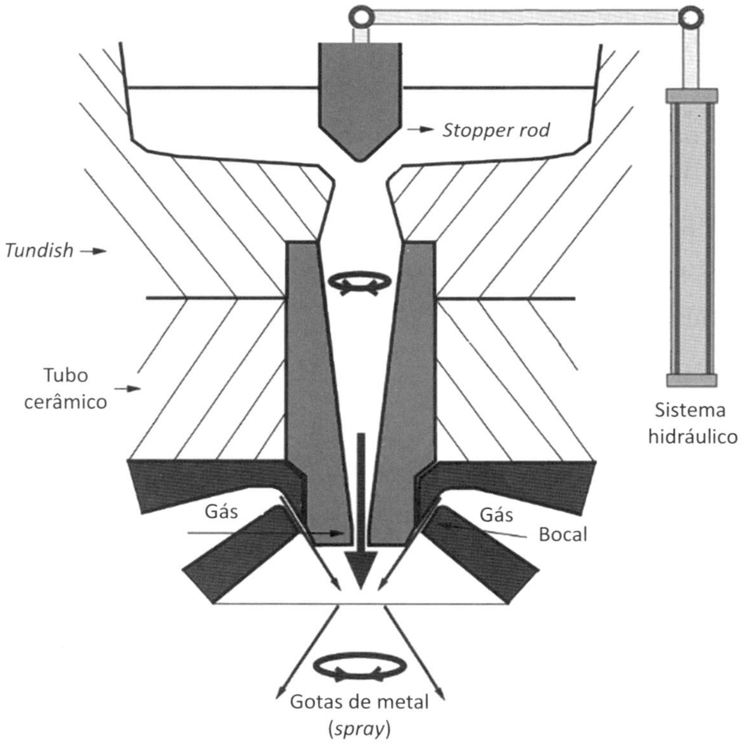

Figura 2.8 Região de transferência, por meio de acionamento de *stopper rod*, de metal líquido para a câmara de atomização, passando pelo bocal de atomização.

Outros vários arranjos são utilizados para atomização. Um deles é apresentado na Figura 2.9 e é muito utilizado para metais de baixo ponto de fusão, como o alumínio e o zinco. Uma grande vantagem dessa configuração reside na possibilidade de o pó ser produzido em atmosfera inerte, o que minimiza problemas de explosão. Adicionalmente, com essa configuração horizontal, é possível uma classificação granulométrica durante a fusão, por meio de câmaras compartimentadas para coleta do pó produzido, e, dessa forma, pós mais grosseiros ficam nas primeiras câmaras, pela ação da gravidade. Dependendo da reatividade do que é atomizado, o gás inerte pode ser substituído por ar comprimido. Pós de alumínio assim produzidos são amplamente utilizados em processos de redução aluminotérmica, na produção de ferro-ligas, por exemplo. Na redução aluminotérmica, pós de alumínio atomizados são colocados em contato com óxidos de metais, normalmente menos estáveis que o óxido de alumínio. Por ignição, temos a redução, pelo alumínio, dos outros óxidos metálicos – reação fortemente exotérmica.

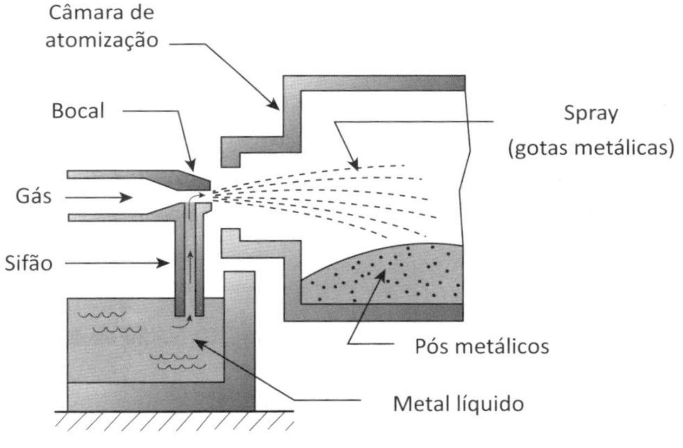

Figura 2.9 Esquema de atomização horizontal, empregado no caso de metais de baixo ponto de fusão.

A Figura 2.10 apresenta a ilustração de um equipamento de atomização que pode ser aplicado a metais refratários e reativos, como titânio e suas ligas. Em uma câmara muito estanque e inertizada, um arco é estabelecido entre um eletrodo de tungstênio e um eletrodo do material que se deseja transformar em pó. Cria-se uma diferença de potencial entre os eletrodos, o que dá origem a um arco, com rápida elevação de temperatura. Produz-se um movimento de rotação no eletrodo que origina o pó, e a força centrífuga gera gotas, que se solidificam em partículas e, dependendo das condições, são acentuadamente esféricas. Trata-se de um processo conhecido como processo por eletrodo rotativo (REP, do inglês *rotating electrode process*).

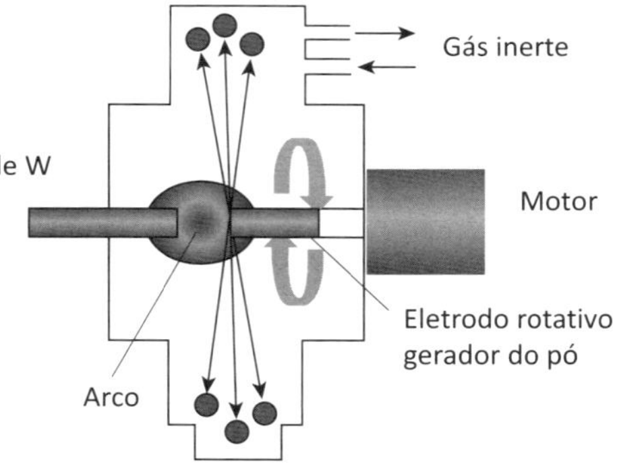

Figura 2.10 Atomização por centrifugação, por REP.

A Figura 2.11 apresenta um processo de atomização relativamente recente e que vem ganhando atenção por produzir partículas esféricas, mais ou menos finas, com distribuição granulométrica fechada, próprias para muitos processos de manufatura aditiva. Nesse processo, um arco é estabelecido entre um eletrodo de tungstênio e uma soleira condutora refrigerada. Gera-se uma vibração na soleira, que desintegra a poça de metal líquido formada, gerando gotas, transformadas posteriormente em partículas pela perda de temperatura. Assim como no REP, a atomização pela vibração de poça de metal líquido é um processo que depende da disponibilidade de eletrodos que devem ter a composição química desejada para os pós a serem produzidos.

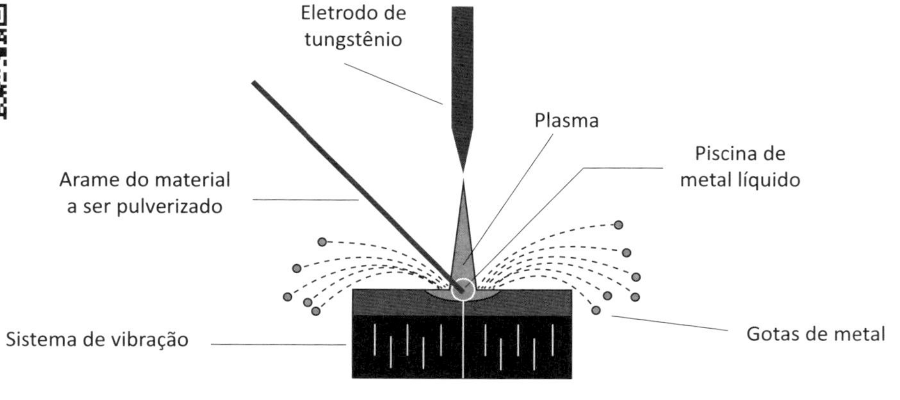

Figura 2.11 Esquema de atomização realizado pela vibração de poça de metal líquido.

Outro processo que veio na esteira dos pós para manufatura aditiva é o da esferoidização por plasma, sob radiofrequência (RF), em leito fluidizado. A Figura 2.12 ilustra esse processo. Partículas previamente produzidas por moagem ou por processo simples de atomização, alimentam um reator sob fluxo gasoso. Essa suspensão é aquecida sob atmosfera controlada, e as partículas esferoidizam pela redução da energia de superfície associada ao formato esférico. É um processo que pode ser aplicado inclusive a materiais reativos e de elevado ponto de fusão.

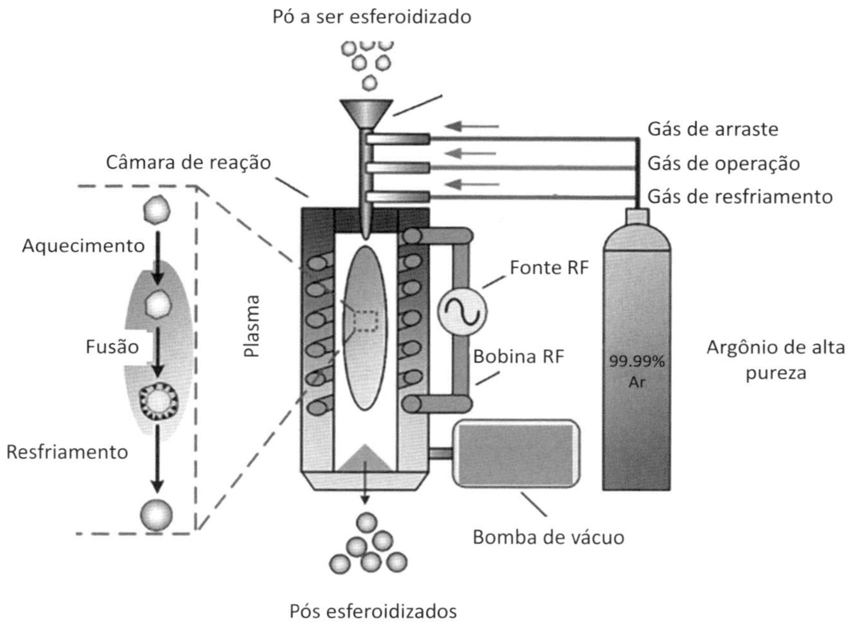

Figura 2.12 Esquema de esferoidização em alta temperatura em leito fluidizado.

A Figura 2.13 apresenta imagens obtidas por microscopia eletrônica de pós produzidos por alguns processos convencionais e esferoidizados em equipamento, conforme ilustrado na Figura 2.12. O processo pode ser ajustado para se obter uma distribuição granulométrica fechada, com baixa concentração de finos (satélites). Falaremos mais adiante de pós reduzidos, pós metálicos obtidos por redução dos respectivos óxidos e processo de aglomeração por *spray drier*; mas fica claro que tanto o pó reduzido, irregular, como o aglomerado de finos produzido por secagem (*spray drier*) podem ser convertidos em pós acentuadamente esféricos e com distribuição bem fechada.

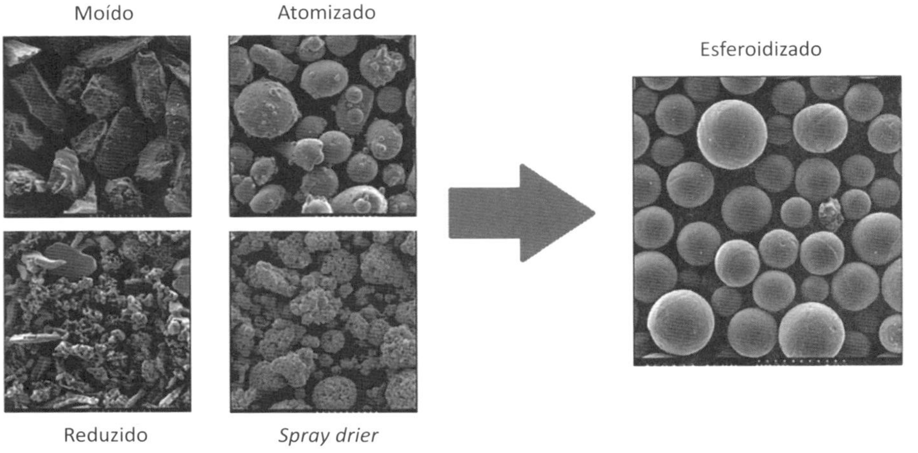

Figura 2.13 Esferoidização de pós oriundos de diferentes processos.

Pós atomizados a gás e água possuem morfologias substancialmente diferentes, conforme ilustra a Figura 2.14. A micrografia eletrônica à esquerda (2.14a), mostra partículas de aço ferramenta produzidas por atomização a gás, em equipamento como o da Figura 2.7, para aplicação em metalização pelo processo HVOF (do inglês *high velocity oxygen fuel*). Pós para manufatura aditiva, pelo processo de fusão seletiva a laser em leito de pó, são similares a este. O aço inoxidável mostrado em 2.14b é um 316L, usado na fabricação de filtros sinterizados com alta vazão por compactação e sinterização. Além do formato, observa-se que os atomizados a gás são bem mais finos. O pó mostrado em 2.14b é muito particular, normalmente mais grosseiro que os pós atomizados a água, além de ter uma distribuição granulométrica mais fechada.

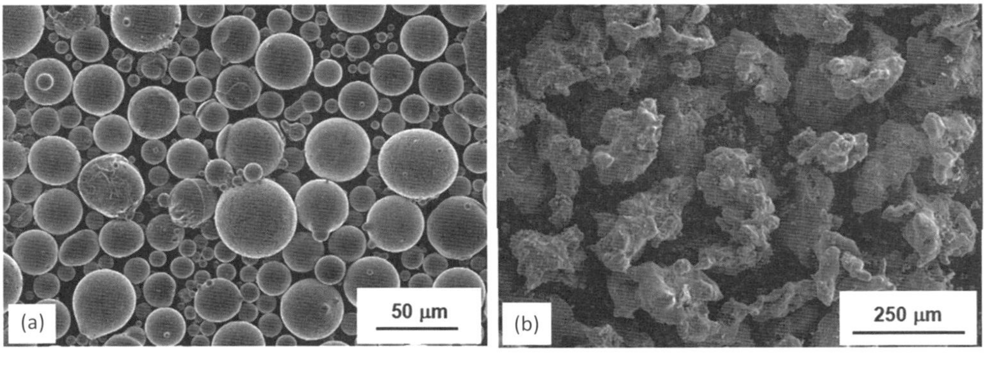

Figura 2.14 Micrografia eletrônica comparando pó atomizado aço ferramenta a gás (a) e aço inoxidável atomizado a água (b).

Uma possibilidade de associar a atomização com conformação de pós é o objetivo de processos denominados de *spray forming*. A Figura 2.15 apresenta ilustração desse processo para obtenção de pré-forma já na atomização. Nesse processo, um spray de metal líquido produzido por atomização, por exemplo, atinge um substrato móvel. Dessa forma, camadas vão se solidificando, de modo a produzirem uma pré-forma, que pode ser acabada posteriormente. É um processo capaz de criar microestruturas muito peculiares. O pó não depositado (*over spray*) é coletado e pode ser usado para outras aplicações, como moldagem de pós por injeção ou mesmo para alguns processos de manufatura aditiva.

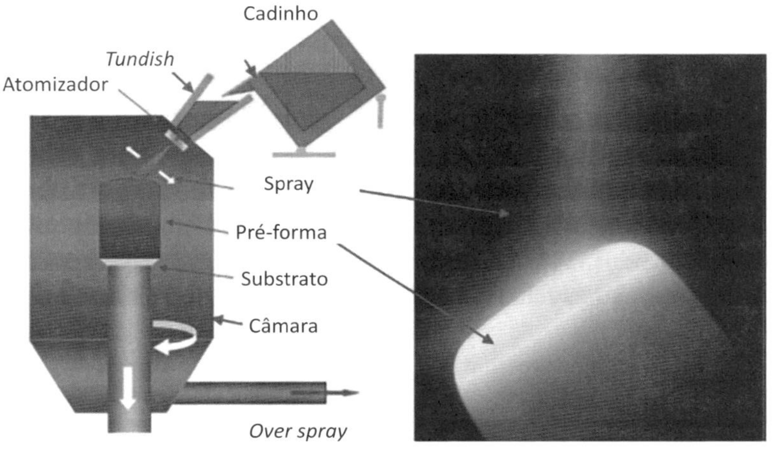

Figura 2.15 Esquema de *spray forming*.

2.2 O PROCESSO CARBONILA

A decomposição do gás $Fe(CO)_5$, ou seja, do ferro pentacarbonila, é conhecida desde a década de 1930 e vem sendo usada para produção de pós de ferro com morfologia tendendo à esférica, com tamanho de partícula entre 3 e 7 μm. O mesmo procedimento pode ser utilizado na produção de pós de níquel, com características similares às do ferro. Como é um processo que vem da decomposição de um gás portador do metal, não pode ser normalmente usado para a produção de ligas metálicas, ficando restrito à produção de pós elementares.

A aplicação de pós carbonila é limitada, devido ao reduzido tamanho de partícula, à baixa escoabilidade e ao elevado custo, que pode chegar a cinco vezes o de um pó atomizado a água de mesma natureza. Novos desenvolvimentos têm se apresentado mais competitivos na produção, em escala comercial, de partículas de ferro e níquel carbonila uniformes e muito finas.

Além de serem utilizados em metalurgia do pó (compactação e sinterização), pós carbonila também têm aplicações na indústria de alimentos, na indústria química e na indústria eletrônica. Por ser extremamente fino e relativamente esférico, os pós de ferro carbonila têm sido utilizados na moldagem de pós por injeção, contribuindo para o atendimento dos requisitos reológicos mínimos da mistura de pós metálicos e termoplásticos (*feedstock*), que deve apresentar características necessárias para a etapa de injeção. Além disso, os pós carbonila se adequam bem à composição de pós predifundidos, particularmente para o caso de pós de ligas Fe-Ni e Fe-Co, utilizados em aplicações eletromagnéticas. Pós de níquel carbonila também são usados como *binder* em algumas classes de metais duros.

Os teores de carbono, nitrogênio e oxigênio, relativamente altos nos pós de ferro carbonila, podem ser reduzidos quando há a sinterização, desde que ela seja realizada sob atmosferas redutoras, como hidrogênio, ou mesmo sob vácuo. Pós carbonila reduzidos com baixos teores de carbono e oxigênio também têm sido disponibilizados comercialmente.

A Figura 2.16 apresenta fluxograma do processo para produção de pó de ferro carbonila. Um processo similar pode ser utilizado para produção de níquel carbonila. O material de partida para produção de ferro carbonila é o próprio ferro, geralmente ferro-esponja, na forma de partículas relativamente grosseiras. Esse ferro reage com o monóxido de carbono (CO), sob pressão e em temperaturas relativamente elevadas. A reação do gás com o ferro pode ser expressa da seguinte forma:

$$Fe + 5CO = Fe(CO)_5$$

O produto da reação é o gás ferro pentacarbonila (ou apenas carbonila), cuja fórmula é $Fe(CO)_5$, que condensa, formando um líquido amarelo, que possui uma densidade de 1,45 g/cm^3 e ponto de ebulição de 103 °C. Na etapa seguinte, esse líquido é vaporizado e introduzido em reator, no interior do qual se insere uma pequena quantidade de amônia (NH_3). O reator é aquecido externamente, fazendo com que o ferro pentacarbonila se decomponha, liberando CO. O resultado dessa decomposição, na forma de pó, é coletado na parte inferior do reator, e o CO formado é reutilizado. A etapa seguinte envolve operações de moagem e desaglomeração, quando é definida a granulometria do produto. A Tabela 2.1 apresenta as características de pós de ferro obtidos por esse processo. O tipo C passa por uma etapa de aquecimento sob hidrogênio, motivo pelo qual apresenta baixos teores de oxigênio e de carbono. Características importantes que devem ser consideradas para o pó produzido são: tamanho de partícula, densidade aparente e composição química.

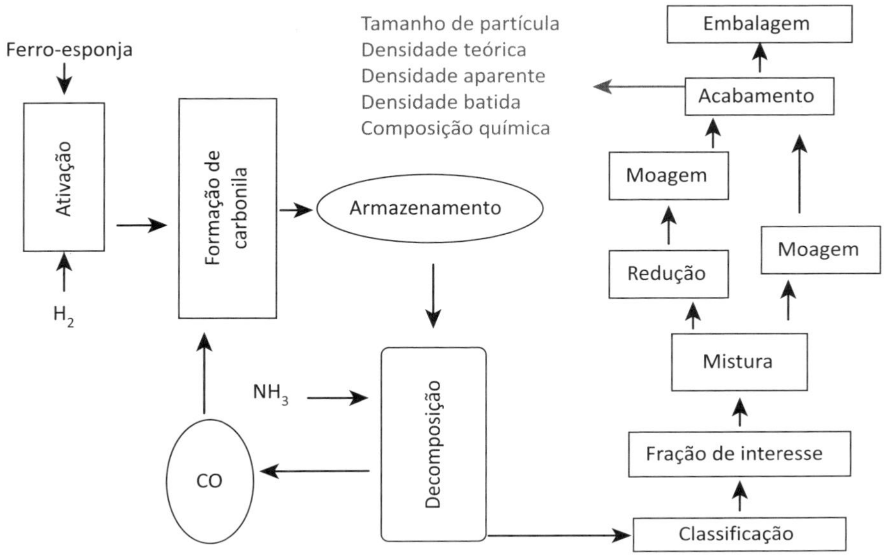

Figura 2.16 Fluxograma do processo de produção de ferro carbonila mediante decomposição a partir de gás.

Tabela 2.1 Características de pós de ferro carbonila

Tipo	$d_{aparente}$ (g/cm³)	$d_{picnométrica}$ (g/cm³)	d_{batida} (g/cm³)	C (%peso)	O (%peso)	N (%peso)
A	2,6-2,8	7,50-7,58	4,1-4,3	0,71-0,75	0,36-0,51	0,55-0,69
B	2,5-2,7	7,51-7,62	3,9-4,2	0,72-0,78	0,24-0,38	0,72-0,86
C	2,4-2,6	7,86-7,87	4,0-4,2	0,03-0,06	0,17-0,19	0,005-0,01

Quando o pó de ferro carbonila é aquecido sob hidrogênio, a remoção do nitrogênio e do carbono ocorre mesmo em baixas temperaturas, como 400 a 500 °C, o que não acontece quando se utilizam vácuo ou argônio como atmosfera. O aquecimento também pode liberar gases adsorvidos, principalmente amônia e monóxido de carbono, presentes na decomposição do carbonila.

Utilizando microscopia eletrônica de varredura (Figura 2.17a) com aumento considerável, é possível observar partículas esféricas muito finas e na superfície das partículas, uma estrutura composta de grãos nanométricos, entre 50 e 60 nm. Uma observação da seção desse pó, conforme Figura 2.1.7 à esquerda, permite uma visualização da formação por deposição de camadas.

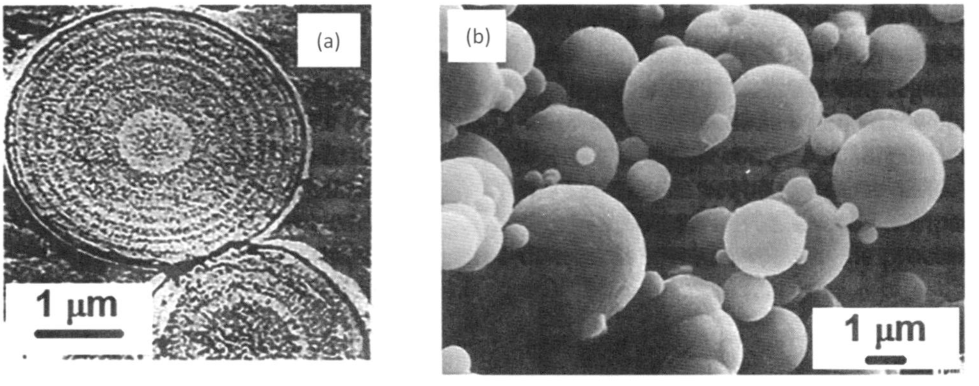

Figura 2.17 Aspecto de seção do pó de ferro carbonila (a) e aspecto morfológico e topográfico do mesmo pó (b).

2.3 OBTENÇÃO DE PÓS METÁLICOS POR REDUÇÃO

Uma forma clássica e relativamente antiga para a fabricação de pós metálicos é a redução a partir dos respectivos óxidos, normalmente moídos até uma faixa previamente especificada. O processo, no caso de pó de ferro reduzido, inicia-se com a obtenção de óxido relativamente puro, como magnetita (Fe_3O_4), separada magneticamente. Óxidos são geralmente frágeis e fáceis de moer, e essa etapa não costuma ser complexa.

A redução é caracterizada pela reação entre gases e sólido, como monóxido de carbono (CO) e hidrogênio (H_2), sendo desejável que ela ocorra em baixa temperatura, para minimizar a sinterização entre as partículas metálicas reduzidas. Se, por um lado, o uso de baixa temperatura possibilita a obtenção de partículas mais finas e soltas, por outro, a taxa de redução acaba sendo prejudicada. A temperatura ideal é um compromisso entre esses dois aspectos. Na redução há evolução de produtos de reação, normalmente gases, de modo que o produto reduzido costuma ser "esponjoso", com o aspecto apresentado na Figura 2.18, para pó de ferro. Pós com esse aspecto costumam conferir ao compactado elevada resistência mecânica, resistência a verde, desejável quando há a manipulação durante transporte para sinterização. Isso ocorre devido à forte interação entre as partículas irregulares na compactação.

Reduções realizadas em temperaturas mais elevadas podem tornar o produto (*cake*) aglomerado, e, desse modo, o ajuste granulométrico pode ser conduzido por meio de uma leve moagem posterior à redução. Nesse caso, pode ser necessário um recozimento, para recuperar a compressibilidade prejudicada pelo encruamento gerado durante a moagem.

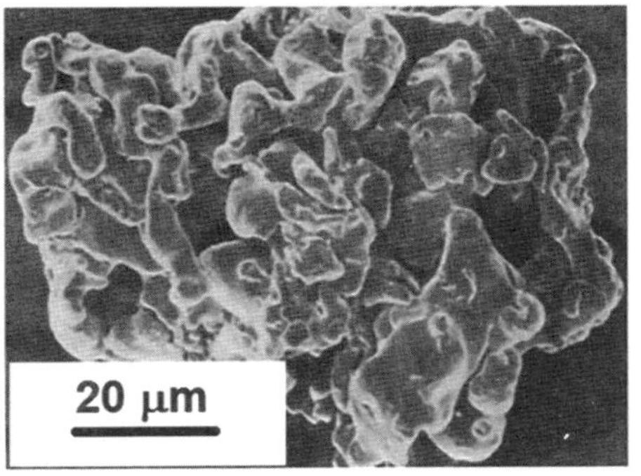

Figura 2.18 Aspecto típico para partícula de pó de ferro reduzido.

A redução é dependente da temperatura tanto do ponto de vista termodinâmico como cinético. Do ponto de vista termodinâmico, a estabilidade do óxido, tendo em conta o gás redutor empregado, é mandatória e, por isso, deve ser considerada. Para que haja redução, a formação do metal deve possibilitar decréscimo de energia livre. A redução de um óxido, como o óxido de ferro FeO, sob hidrogênio requer decréscimo de energia livre para que a seguinte reação se desloque para o sentido dos produtos, e tenhamos a formação de ferro metálico:

$$FeO_{(s)} + H_{2(g)} = Fe_{(s)} + H_2O_{(g)}$$

Por outro lado, o equilíbrio dessa reação depende da relação entre as pressões dos gases envolvidos, hidrogênio (H_2) e vapor d'água (H_2O). A razão entre a pressão de vapor e a do hidrogênio define a constante de equilíbrio dessa reação, conforme a seguir:

$$k = \frac{P_{H_2O}}{P_{H_2}}$$

O aumento da pressão de hidrogênio, bem como a redução da pressão de vapor, desloca a reação para a direita, favorecendo a redução, ou seja, a formação de ferro. A Figura 2.19 associa isso com a temperatura da reação. Vê-se que, quanto maior a temperatura, mais favorável é a formação de ferro. Para uma relação entre pressões de hidrogênio e vapor constante, definida pela linha horizontal da figura, o ferro é estável só a partir de certa temperatura-limite da reação. Resumidamente, a formação de ferro é favorecida pelo enriquecimento da atmosfera em hidrogênio e pelo aumento da temperatura.

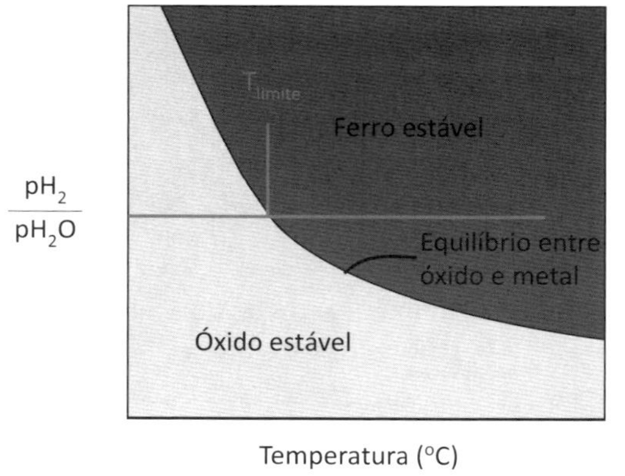

Figura 2.19 Razão entre as pressões parciais de hidrogênio e vapor d'água para a reação de equilíbrio entre óxido e metal. Se a razão estiver acima da linha de equilíbrio, o ferro metálico é estável, e a redução (formação de ferro) ocorre. Por outro lado, abaixo da linha de equilíbrio, o óxido é estável.

Do ponto de vista cinético, ou seja, relacionado com a velocidade da reação, devemos considerar a penetração do gás redutor na direção do interior do óxido, bem como a saída dos produtos de reação. A Figura 2.20 mostra que a reação de redução depende de vários processos simultâneos. Assim que o gás reage para formar metal puro, há movimento da interface na direção do óxido, ou seja, o núcleo, ainda de óxido, vai diminuindo.

Figura 2.20 Representação da redução parcial de uma partícula de óxido para formar metal puro. A redução é controlada pela difusão dos reagentes na direção do óxido e dos produtos de reação para fora.

Considerando a redução de óxidos metálicos em geral, o gás deve penetrar na partícula de óxido. A taxa de redução pode ser limitada tanto pela taxa de difusão dos reagentes para o interior como pela saída dos produtos de reação, sendo a redução controlada por uma destas etapas. Já que a redução é um processo termicamente ativado (a taxa aumenta exponencialmente com a temperatura), elevadas temperaturas favorecem a reação. A cinética (velocidade de reação) pode ser descrita pela lei de

Arrhenius, na qual a taxa de reação k depende da energia de ativação Q exponencialmente, por meio da expressão:

$$k = Ae^{-\frac{Q}{RT}}$$

em que:

A = uma constante do material, chamada de fator de frequência;

R = uma constante do gás; e

T = temperatura absoluta.

Uma energia de ativação baixa ou uma temperatura alta podem intensificar a taxa de redução. Normalmente, a temperatura é a variável de processo mais fácil de ser ajustada na fabricação de pós, e a taxa de redução aumenta rapidamente com o aumento da temperatura.

A Figura 2.21 apresenta ilustração de processo industrial para produção de pó de ferro a partir do óxido. A redução pode ser realizada em duas etapas, considerando dois diferentes redutores, como carvão e hidrogênio. A matéria-prima, geralmente, é minério de ferro que pode ser previamente moído e oxidado para hematita. Hoje, temos grande disponibilidade de óxidos sintéticos (siderúrgicas), subproduto das linhas de decapagem de laminados a quente. O processo de redução inicia com uma limpeza (classificação magnética e secagem), seguida de moagem e classificação granulométrica. Geralmente, há uma etapa de oxidação, para converter eventuais óxidos de menor valência. São dois os óxidos de ferro mais comuns: a wurstita ou óxido de ferro II (FeO) e a hematita ou óxido de ferro III (Fe2O3). Chamamos de magnetita (Fe_3O_4) um óxido misto, composto de Fe_2O_3 e FeO. Pode-se, portanto, oxidar a magnetita para hematita.

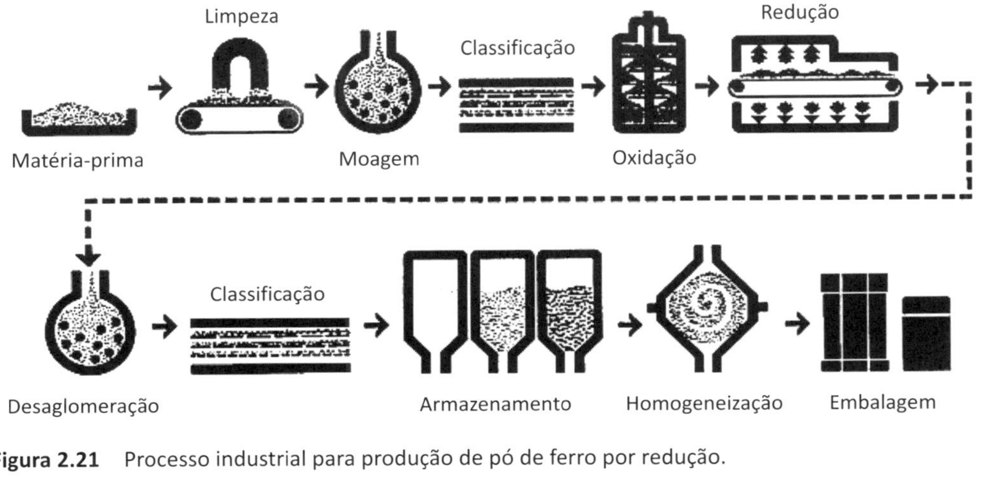

Figura 2.21 Processo industrial para produção de pó de ferro por redução.

A primeira redução pode ser em caixa, usando-se carbono como agente redutor. A seguir, podemos ter uma etapa de redução por hidrogênio. Segue-se desaglomeração, classificação granulométrica, armazenagem, homogeneização e embalagem. Processos de redução também podem ser aplicados a diversos outros metais além do ferro, como molibdênio, tungstênio e cobre.

A Figura 2.22 compara microestruturas para pó de ferro produzido por redução com pó de ferro atomizado a água. Fica claro, pela imagem da seção polida, que o pó atomizado é "maciço", diferente do reduzido, acentuadamente "esponjoso".

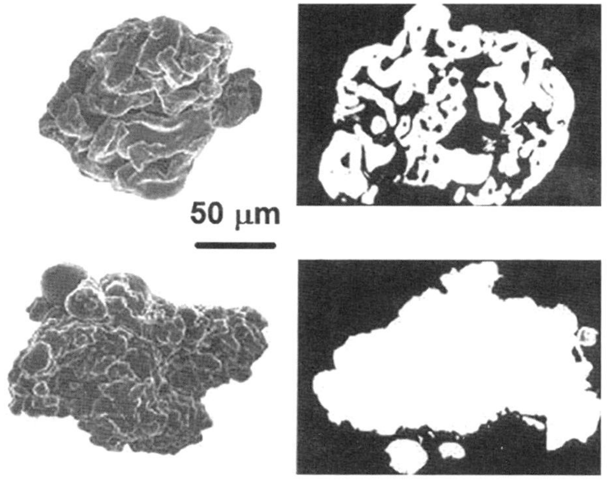

Figura 2.22 Comparação entre pó reduzido e atomizado a água. Microscopia eletrônica de varredura, estando a seção polida à direita.

2.4 HIDRETAÇÃO E DESIDRETAÇÃO

Como já mencionado, metais costumam ser dúcteis e, muito frequentemente, reativos, oxidando com alguma facilidade. Alguns possuem elevado ponto de fusão. Dessa forma, a produção dos respectivos pós por moagem e atomização não é indicada. Uma alternativa é a produção pela rota da hidretação, formação do hidreto do metal a ser transformado em pó, seguida de moagem e desidretação (remoção do hidrogênio). Costuma-se denominar esse processo por HdH. Pós de titânio e nióbio, por exemplo, podem ser obtidos por meio dele. Pós de titânio produzidos assim podem ser utilizados no jateamento ou revestimento por plasma de implantes. Esses pós podem também ser conformados, normalmente, por compactação e sinterização. Pós de nióbio (Nb) produzidos por HdH são utilizados na fabricação de capacitores.

No caso de ligas de titânio (Figura 2.23), sucata na forma de barra ou cavaco pode ser usada como material de partida. Após uma limpeza superficial, para remover principalmente produtos orgânicos, essa matéria-prima é hidretada a 800 a 1000 °C em forno tubular por algumas horas sob H_2 puro pressurizado (~1.5 atm). O material hidretado é, então, moído em moinho de bolas, anéis ou rolos por alguns minutos. O pó moído é classificado, e a faixa granulométrica de interesse é desidretada em temperatura ao redor de 700 °C, sob vácuo. A Figura 2.24 apresenta aspectos morfológicos e de tamanho de partícula para pó de liga de titânio após desidretação, classificado entre 100# (150 μm) e 200# (75 μm). É possível observar partículas irregulares dentro da faixa de classificação, porém também é possível observar partículas muito finas, do tipo "satélite", aglomeradas às partículas maiores. Pós como esse podem ser usados no jateamento de próteses ou implantes de ligas de titânio, para gerar superfície a melhorar ósseo-integração. Podem também ser utilizados no revestimento de implantes por aspersão térmica (metalização).

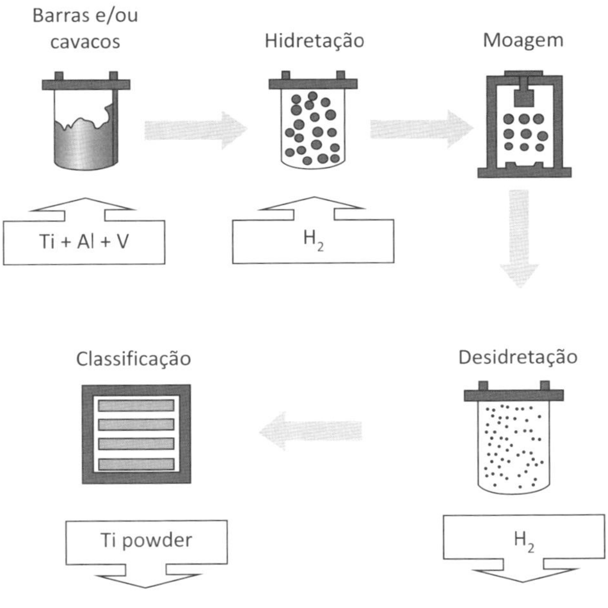

Figura 2.23 Processo HdH para produção de pó de liga de titânio (Ti-Al-V).

Figura 2.24 Micrografia eletrônica de pó de liga de titânio após desidretação. Classificado entre 100 e 200#.

Pós de nióbio e tântalo também são produzidos por HdH, considerando aplicação em capacitores. A Figura 2.25 apresenta o processo de fabricação para capacitor de nióbio, similar ao processo empregado para tântalo. O desejado é a obtenção de um esqueleto de nióbio repleto de poros interconectados. O pó é compactado (baixa densidade), sinterizado e anodizado (oxidado). O esqueleto anodizado é, então impregnado com o outro eletrodo, o dióxido de manganês (MnO_2). A Figura 2.26 apresenta ilustração do produto, capacitor, obtido dessa forma.

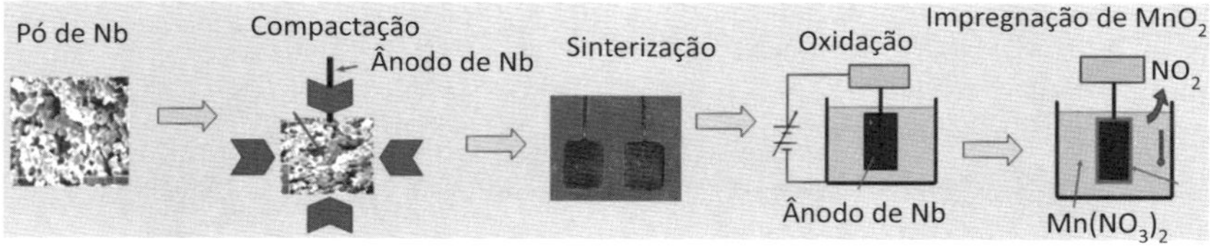

Figura 2.25 Processo de fabricação de capacitores de nióbio.

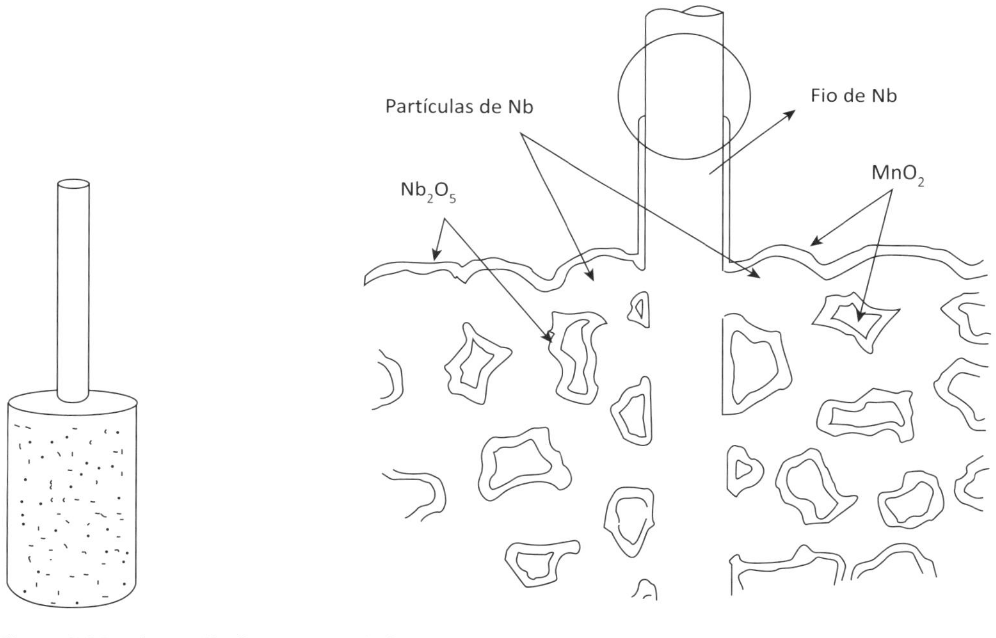

Figura 2.26 Ilustração do processo de fabricação de capacitores de nióbio. Após produção por HdH, o pó é compactado e anodizado; então, o eletrodo de MnO_2 é introduzido.

A Figura 2.27a apresenta micrografia eletrônica para pó de nióbio produzido por HdH, em que se observa o aspecto das partículas bem finas e com topografia irregular, típico de produto fabricado por moagem. Em 2.27b, é possível observar a estrutura porosa de nióbio obtida por compactação e sinterização. A capacitância depende da superfície entre os eletrodos, e uma estrutura como essa, com elevada porosidade interconectada e canais extremamente delgados, é a mais adequada para este tipo de aplicação (capacitores).

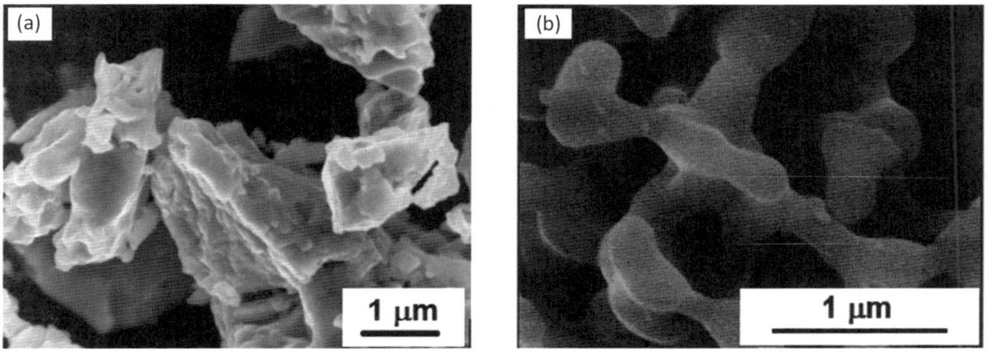

Figura 2.27 Pó de nióbio produzido por HdH para utilização em capacitores (a). Estrutura de nióbio sinterizado, pronto para anodização, para fabricação de capacitores (b). Micrografias eletrônicas.

2.5 PROCESSO ELETROLÍTICO

Pós de certos metais podem ser produzidos por nucleação e crescimento em uma superfície de um cátodo, dentro de uma célula eletrolítica, sob determinadas condições de operação. Exemplos comuns de pós metálicos produzidos por esse processo são o cobre e o ferro. A principal vantagem do processo eletrolítico é a elevada pureza do produto obtido, já que as impurezas se concentram no eletrólito. Além disso, o pó obtido pode ser extremamente irregular com baixíssima densidade aparente, adequado para algumas aplicações. A Figura 2.28 ilustra o processo para obtenção de pós de cobre. O ciclo inicia com a dissolução do ânodo pela geração de uma diferença de potencial na célula eletrolítica, na qual o eletrólito é composto por uma solução diluída de sulfato de cobre, que se dissocia em função da diferença de potencial gerada, acelerando íons de cobre que se depositam na superfície do cátodo.

Como já mencionado, o pó formado por processos eletrolíticos são normalmente dendríticos e/ou esponjoso. As propriedades específicas do pó dependem das condições de processamento durante a deposição, bem como de operações posteriores. Depósitos porosos no cátodo são favorecidos por altas densidades de corrente e baixa concentração de íons. Normalmente, os banhos operam em temperaturas da ordem de 60 °C, usando eletrólitos de alta viscosidade, e baixa agitação, para possibilitar a obtenção de um *cake* depositado de baixa densidade.

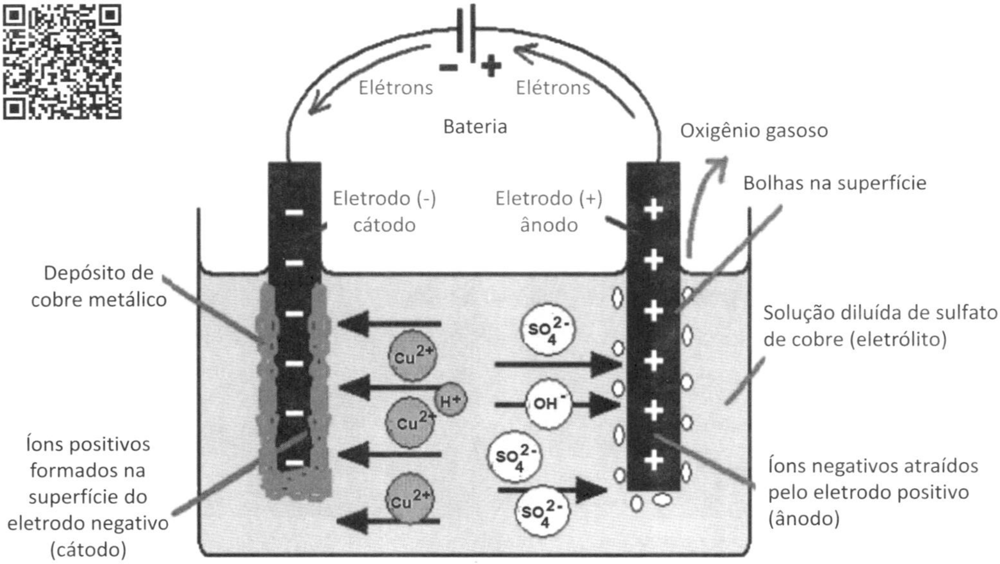

Figura 2.28 Formação de pó metálico (cobre) em célula eletrolítica. O sulfato de cobre é dissociado, depositando-se no cátodo. Uma diferença de potencial externa faz ativar o processo. Depois da deposição, o depósito formado no cátodo é raspado, lavado, seco, moído, classificado e recozido.

Um exemplo de pó de cobre obtido por eletrólise é apresentado na Figura 2.29. O pó (2.29a) tem uma morfologia irregular e uma estrutura porosa de baixo empacotamento, ou seja, baixa densidade aparente. O aspecto dendrítico fica evidente na micrografia eletrônica de 2.29b. A Figura 2.30 apresenta fluxograma para processo eletrolítico usado na fabricação de pós de cobre, que utiliza cátodo de chumbo.

Figura 2.29 Micrografia eletrônica para pó de cobre obtido pelo método eletrolítico (a). Aspecto dendrítico evidenciado com maior ampliação (b).

Pós de cobre são os mais extensivamente produzidos pelo processo eletrolítico, utilizando cátodo de chumbo, ânodo de cobre e eletrólito à base de sulfato de cobre ($CuSO_4$). Detalhes sobre esse processo são apresentados na Figura 2.30. A célula eletrolítica trabalha com uma densidade de corrente entre 500 e 1.000 A/m². O sulfato de cobre se decompõe, e o cobre vai se depositando no cátodo. O ânodo repõe o cobre do eletrólito. O depósito de cobre é filtrado e limpo. Observa-se que há uma etapa de redução gasosa para remoção de óxidos superficiais.

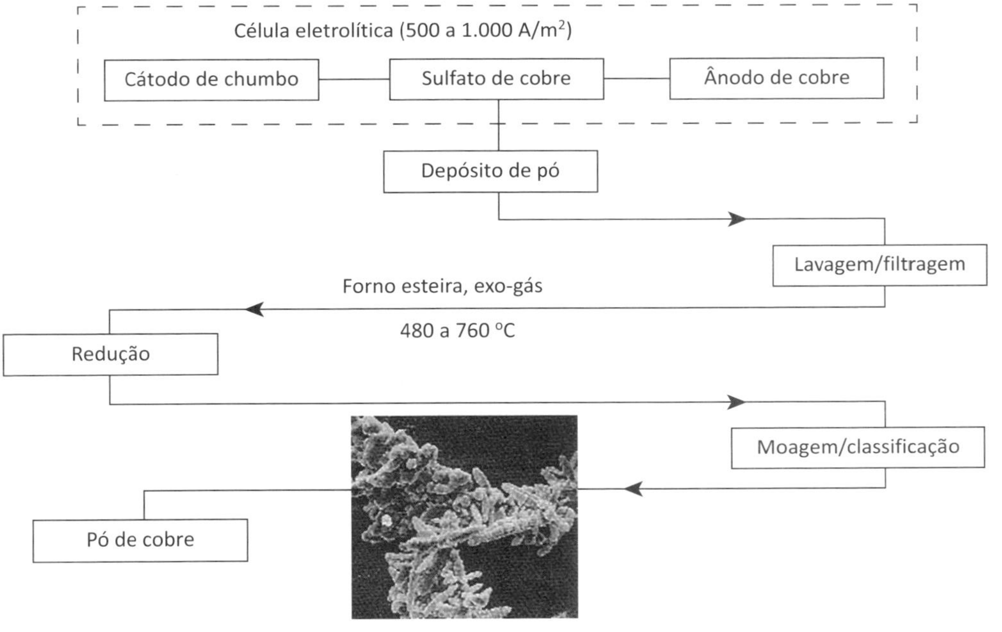

Figura 2.30 Fluxograma do processo de obtenção de cobre pelo método eletrolítico.

Mesmo sendo o processo eletrolítico bem estabelecido como rota tecnicamente viável para produção de alguns pós metálicos, problemas operacionais devem ser considerados. Um deles é quanto à estabilidade química do banho, que é muito sensível. Além disso, contaminantes presentes no sistema podem dificultar a formação do depósito. Outra limitação é que apenas pós elementares podem ser produzidos, e a produção de ligas é necessária para muitas aplicações. Adicionalmente, questões ambientais e a necessidade de muitas operações para condicionar o *cake* formado tornam o processo eletrolítico exclusivo para produção de pós muito específicos. Além do cobre, podem ser produzidos eletroliticamente zinco, estanho, níquel, cádmio, antimônio, prata, chumbo, berílio, entre outros.

2.6 PRECIPITAÇÃO

O processo de precipitação é mais empregado na obtenção de materiais cerâmicos do que metálicos. No entanto, sais de metais dissolvidos, como nitratos, cloratos e sulfatos, podem ser tratados de forma a produzir um precipitado metálico ou um precipitado contendo o metal de interesse. Precipitados envolvendo sais metálicos são os mais adequados para a produção de pós metálicos, e, nesse caso, o sal costuma ser solúvel em água, enquanto o metal precipita pela ação de um segundo componente. O precipitado resultante pode, então, ser tratado termicamente para se obter um pó metálico de alta pureza e, normalmente, muito fino.

A técnica de precipitação possibilita, em condições particulares, a obtenção de pós compostos, parcialmente ligados. Nesse caso, uma fase é usada para nuclear a reação de precipitação. Exemplos de núcleos são a tória, a titânia e os carbonetos de tungstênio. Esses pós compostos podem ser usados no endurecimento por dispersão. Outro uso da precipitação é com metais reativos, como zircônio e titânio. Sais fundidos baseados em cloratos reagem com um metal, como o magnésio, de modo a produzirem um pó esponjoso.

No âmbito dos materiais cerâmicos, considerando aplicações magnéticas, uma aplicação da precipitação é na produção de partículas de ferrita de bário ou ferrite (BaO-$6Fe_2O_3$), utilizadas na fabricação de ímãs em motores elétricos e alto-falantes. Pós de ferrite são, normalmente, produzidos pelo método cerâmico, ou seja, pela reação (calcinação) entre $Ba(CO)_3$ e Fe_2O_3 em alta temperatura. A precipitação é uma alternativa tecnicamente interessante, sobretudo pela pureza do produto obtido. A Figura 2.31 apresenta fluxograma para produção de ferrites por precipitação. Soluções de cloreto de ferro e bário são elaboradas, e, a partir delas, uma coprecipitação é promovida. O precipitado formado por cloretos é lavado, seco e calcinado em baixa temperatura, se comparada com a temperatura utilizada na calcinação do método cerâmico, por volta de 1.300 °C. Dessa forma, é possível obter partículas extremamente finas e de elevada pureza, adequadas para produção de ímãs de alto desempenho, por compactação e sinterização. Pós de ferrite produzidos por precipitação, bem como o processo de conformação, são ilustrados na Figura 2.32. Partículas precipitadas monocristalinas, hexagonais, tendendo ao bidimensional, são alinhadas por campo magnético, antes da compressão. O objetivo é que todas as partículas tenham uma única direção cristalina, o que melhora muito o desempenho magnético do ímã, posteriormente obtido por sinterização. Propriedades magnéticas são anisotrópicas, ou seja, dependem da direção, e, neste caso, é alinhada a direção cristalina ao campo magnético.

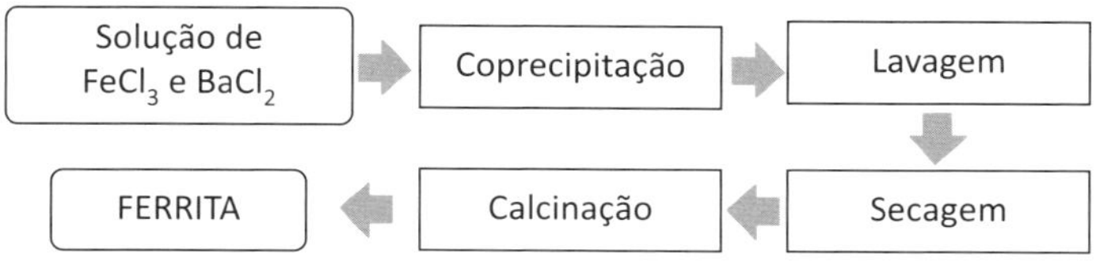

Figura 2.31 Fluxograma para produção de ferrites (ferrita) por precipitação.

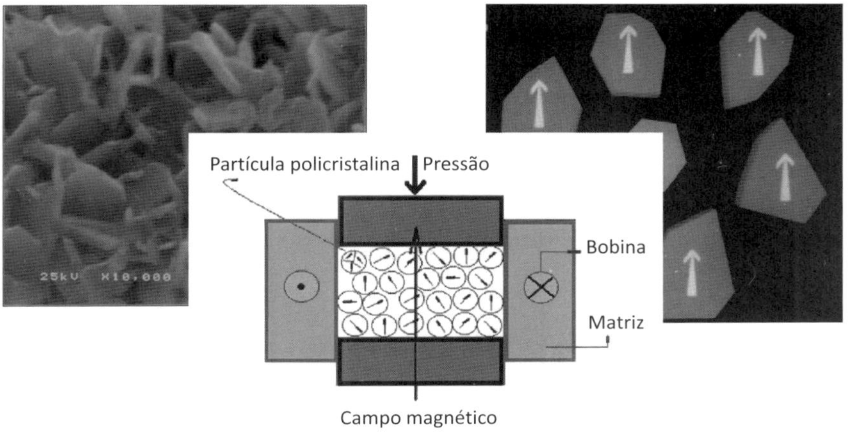

Figura 2.32 Esquema do processo de conformação, sob campo magnético, de pós de ferrite obtidos por precipitação.

2.7 MOAGEM

Sem dúvida, a moagem é o método mais intuitivo para obtenção de materiais particulados e é extensivamente usada para uma grande variedade de matérias, como cimento e café, para torná-los dois produtos muito diferentes. O processo de moagem, baseado no impacto e no atrito de bolas, é o método clássico para obtenção de pós de materiais frágeis, suscetíveis ao impacto ou ao atrito. Conceitualmente, uma moagem em moinhos de bolas pode ser descrita da seguinte maneira: um recipiente contendo bolas, como o ilustrado na Figura 2.33, gira de modo a movimentar e arremessar as bolas, o que reduz o tamanho das partículas, pela associação de impacto e atrição. A moagem não é muito "popular" no caso dos metais, por serem preponderantemente dúcteis. Ruído e contaminação são duas desvantagens da moagem, principalmente no caso de cerâmicas de alto desempenho. Como mencionado, a moagem pode ser usada na fabricação de pós metálicos em processos que envolvem a formação do hidreto metálico. Óxidos metálicos também podem ser intensamente moídos, e uma redução posterior permite a obtenção do pós metálico, em geral muito finos e para aplicações específicas.

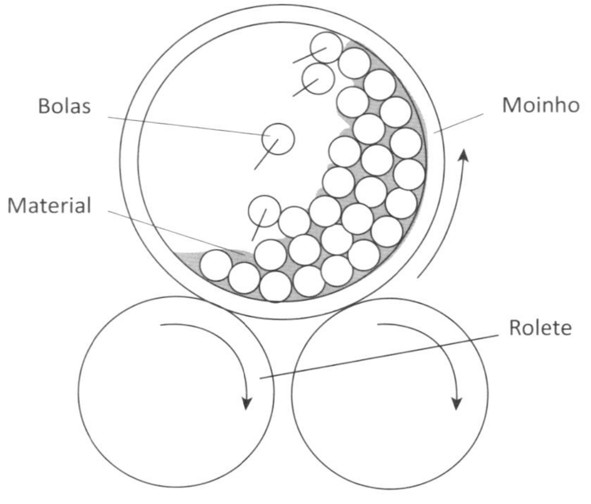

Figura 2.33 Esquema de moinho de bolas.

A Figura 2.34a apresenta uma ilustração para moinho de bolas, e uma imagem de um moinho industrial é apresentada em 2.34b. Apesar de ser um processo tipicamente realizado em bateladas, pode também ser conduzido continuamente, em particular nos processos nos quais a moagem se dá em um meio líquido.

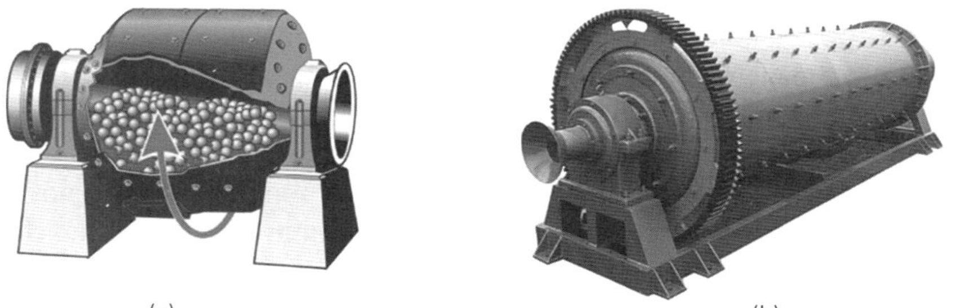

(a) (b)

Figura 2.34 Ilustração (a) e foto de moinho de bolas usado industrialmente (b).

Condições otimizadas na moagem em moinho de bolas podem ser obtidas ajustando a rotação do moinho, para uma maior velocidade de impacto. Assim, a velocidade é ajustada para elevar as bolas até o topo do moinho e, então, serem arremessadas para o fundo. Baixas velocidades favorecem o processo de atrição, o que pode ser interessante em alguns casos. Para melhorar a eficiência na moagem por bolas, algumas condições devem ser estabelecidas: o volume de bolas deve ocupar de 40 a 50% do volume do moinho; o tamanho das bolas, normalmente, deve variar entre cerca de 10 a 20 vezes o tamanho inicial das partículas; o uso de vibração, em vez de rotação, é uma alternativa eficiente para a obtenção de pós mais finos. Uma alternativa ao uso do moinho de bolas convencional é o uso de moinho planetário, como o ilustrado na Figura 2.35, mais utilizado em laboratórios ou para produção de pequenos lotes. É muito comum a moagem em meio líquido, principalmente para evitar aglomeração, que ainda pode ser minimizada com o uso de agentes suspensores. Quanto menos aglomerada for a suspensão durante a moagem, mais eficiente será a redução do tamanho de partícula. Líquidos durante a moagem podem também prevenir ou minimizar a oxidação de metais e ligas.

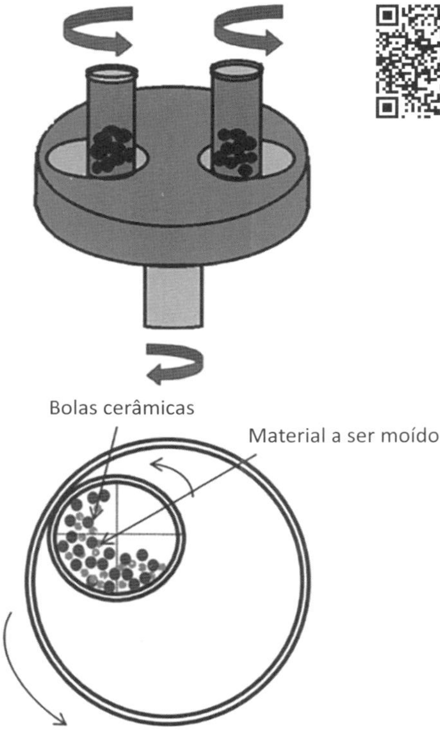

Figura 2.35 Ilustração e vista de moinho planetário.

Alternativa muito eficiente para moagem é o chamado *moinho atritor* (Figura 2.36). Trata-se de um contêiner fixo, no interior do qual o pó (ou mistura de pós) é introduzido junto a um conjunto de bolas. Um eixo acoplado a um motor movimenta as bolas, que, por atrito, cominui o pó. A Figura 2.37 apresenta fotos de moinhos atritores de pequeno porte. O projeto da haste e o ajuste desta com o perfil interno do contêiner são fatores decisivos na eficiência de moagem.

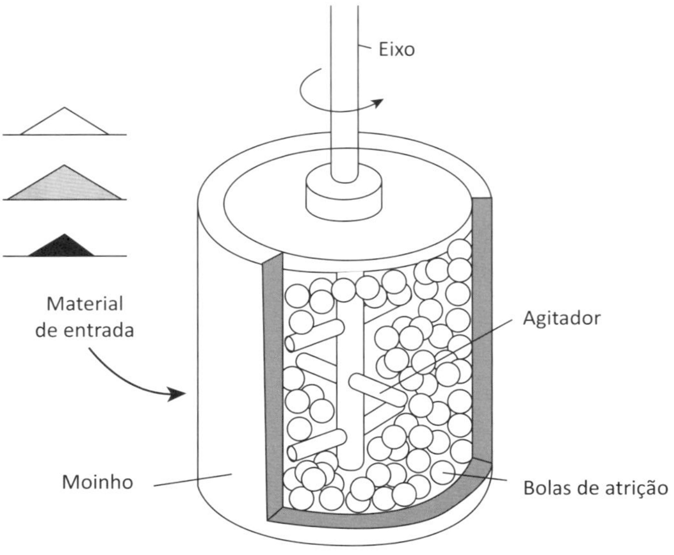

Figura 2.36 Esquema de moinho atritor.

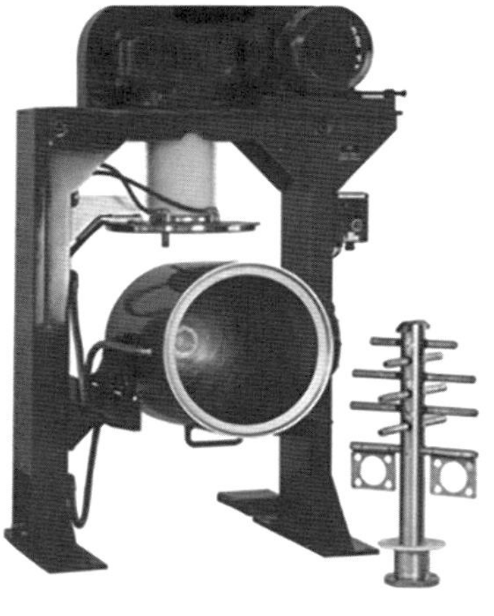

Figura 2.37 Moinhos atritores de pequeno porte.

Moinhos atritores industriais, como os usados na fabricação de pós de metal duro ou pós para fabricação de ímãs (ferrite e terras-raras) podem ser de batelada, como os da Figura 2.37, ou contínuos, como ilustrado na Figura 2.38. Um sistema de circulação da lama, associado a um para descarga, permite a alimentação de material a ser moído, bem como a remoção do que já estiver dentro de uma especificação em termos de tamanho de partícula. Nos moinhos de batelada, o controle de variáveis, para que o pó atenda a certas especificações, é mais fácil, e o processo costuma ser mais reprodutível.

O material usado nas bolas, tanto no moinho de bolas como nos atritores, depende do que está sendo moído. O objetivo é evitar desgaste excessivo das bolas e contaminação do que está sendo moído. Bolas cerâmicas ou de metal duro são comumente empregadas.

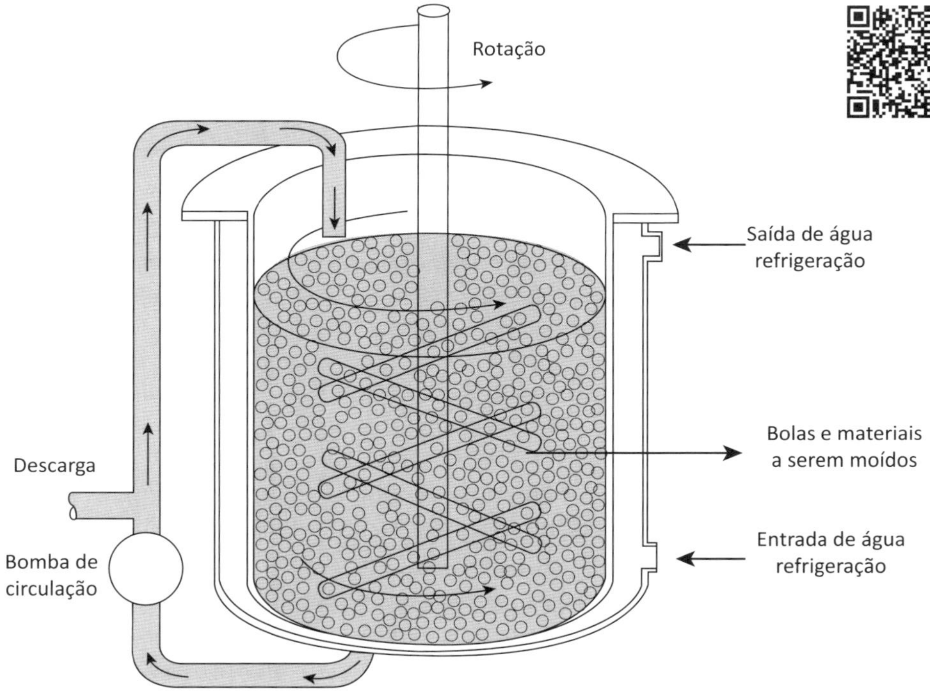

Figura 2.38 Moagem contínua em moinho atritor.

O material de entrada já deve ser relativamente fino, com tamanho médio de partícula abaixo de 0,5 mm. Quanto mais fino o pó de entrada, maior a eficiência na moagem, tanto em moinho atritor como em planetário, conforme ilustra a Figura 2.39.

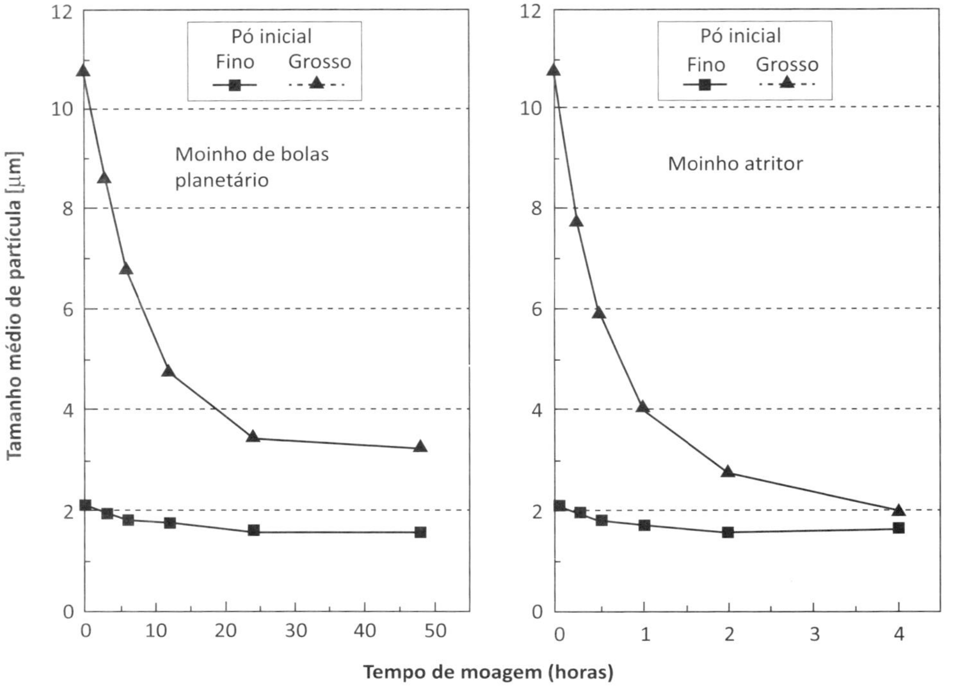

Figura 2.39 Efeito da granulometria inicial na eficiência de moagem de material cerâmico em moinho de bolas/planetário e atritor.

Uma das aplicações de moagem em moinho atritor é na chamada *mecanossíntese*, ou *mechanical alloying*, técnica muito investigada na década de 1990. Por meio desse processo, pós de diferentes materiais são misturados e moídos conjuntamente, de modo a obter uma dispersão ou mesmo uma dissolução (*alloying*). A Figura 2.40 ilustra a dispersão de partículas duras numa matriz metálica mole e a evolução da microestrutura com o tempo de moagem. Quando, por exemplo, partículas duras são moídas com partículas moles, o que se espera é que as partículas duras fiquem encapsuladas pelas moles. Isso é o que se deseja quando se moi carboneto de tungstênio (WC) misturado com cobalto (Co) para a produção do metal duro WC-Co.

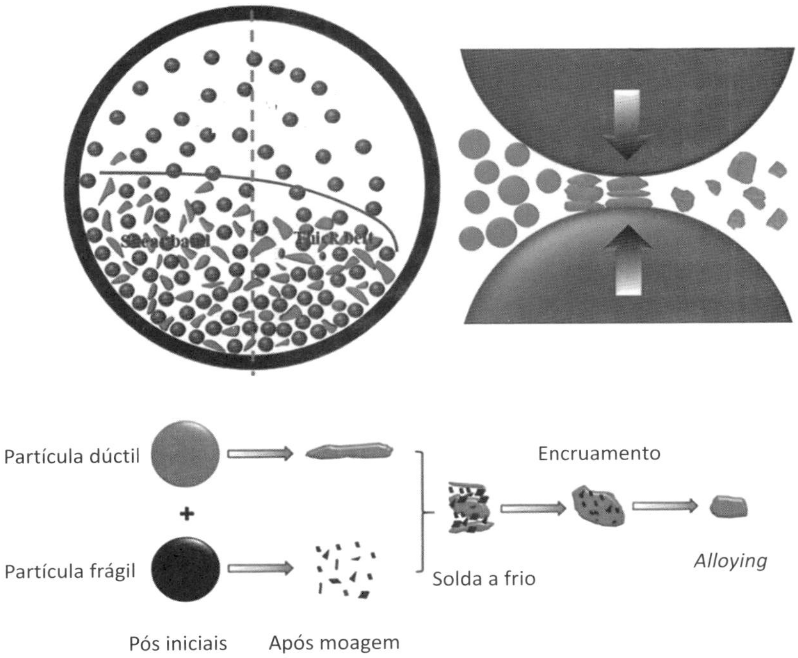

Figura 2.40 Dispersão por *mechanical alloying* em moinho atritor. Partículas duras dispersando-se em matriz metálica devido ao efeito da moagem.

CAPÍTULO 3
Caracterização de pós metálicos

O termo *caracterização*, neste contexto, significa a determinação de propriedades (características) que sejam relevantes para o desempenho de pós metálicos, considerando a aplicação que será dada a ele. Um pó pode ser usado para a fabricação de peças por compactação e sinterização, e suas características devem ser compatíveis a este processo. No entanto, pós podem ser utilizados em processos de manufatura aditiva, com fusão seletiva a laser em leito de pó, e, neste caso, suas características são muito diferentes das desejáveis para compactação e sinterização.

Antes de qualquer ensaio de caracterização, devemos considerar a amostragem, ou seja, se a porção de amostra que será caracterizada é representativa do lote em análise. A amostragem é particularmente importante para pós metálicos, já que possíveis heterogeneidades podem ser geradas na fabricação, no transporte e na manipulação em geral. Como já mencionado, uma boa amostragem visa obter amostra que seja o mais representativa possível do lote, e, para isto, devemos considerar alguns procedimentos relativamente simples.

Uma técnica elementar de amostragem muito adequada para materiais particulados é o que podemos chamar genericamente de *quarteamento*. Quartear nada mais é do que dividir e agrupar em operações sucessivas, o que pode ser realizado manualmente, para lotes menores. A Figura 3.1 ilustra um quarteador comumente usado em metalurgia do pó e apresenta a foto de um dispositivo de amostragem por quarteamento. Amostras adequadamente removidas de um lote de pó alimentam o dispositivo em sua parte superior, que se divide em vários pequenos lotes que são reagrupados para que o procedimento se repita.

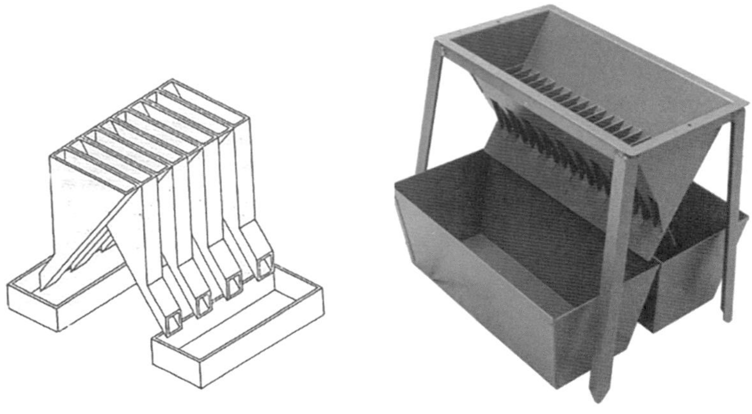

(a) (b)

Figura 3.1 Ilustração e foto para quarteador para amostragem de pós.

Uma possibilidade para obtenção de amostras previamente ao quarteamento, quando, por exemplo, se quer acessar uma porção de pós de dentro de um contêiner ou uma *bag*, é o amostrador cilíndrico, ilustrado na Figura 3.2. Esse dispositivo possibilita a remoção de amostras em diversas alturas e de diversas regiões de uma *bag*. As partículas que compõem o lote de pó possuem uma distribuição em termos tamanhos e, dependendo do caso, podem ter naturezas químicas diferentes, o que é muito comum em misturas de pós. Devido às características físicas e químicas das partículas, é de se esperar uma segregação durante a manipulação e o transporte, até em função da ação da gravidade. É comum antes da utilização do pó para, por exemplo, compactação, uma homogeneização, usando diferentes tipos de misturadores. Assim, a amostragem, desde a remoção da amostra até o quarteamento, deve representar, na medida do possível, o lote que será utilizado. Ou seja, a amostragem do lote deve ser a mais representativa possível, mas, mesmo assim, devem ser homogeneizadas antes de qualquer medida.

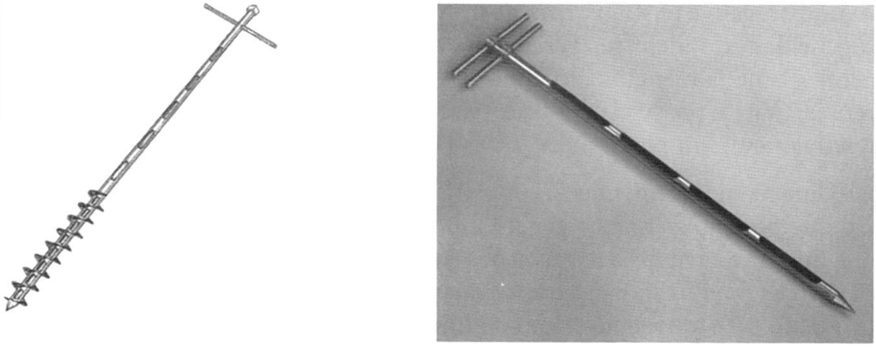

Figura 3.2 Dispositivo de amostragem de pós.

3.1 MORFOLOGIA

Usaremos o termo *morfologia* para nos referirmos ao formato das partículas, já que a forma pode afetar o desempenho. A definição de formatos para partículas metálicas, produzidas por diferentes rotas, tem um caráter subjetivo, sendo mais qualitativo do que quantitativo. Com o uso cada vez maior de pós metálicos em processos de manufatura aditiva, a quantificação do formato das partículas e a maneira que estas escoam passaram a ser cada vez mais relevantes.

Iniciemos com uma introdução auxiliada pela Figura 3.3, que procura apresentar alguns aspectos relacionados com a forma, as dimensões e as características superficiais. Consideremos uma partícula de certo volume e com o aspecto apresentado na figura. A primeira questão seria como estabelecer critérios para dimensões e formato. Uma alternativa seria definir uma esfera de volume equivalente, e, desta forma, obteríamos um diâmetro equivalente. Podemos, ainda, considerar a circunferência que circunscreve essa partícula. Se falamos em diâmetro médio de partículas que constituem um pó, estamos falando de esferas equivalentes.

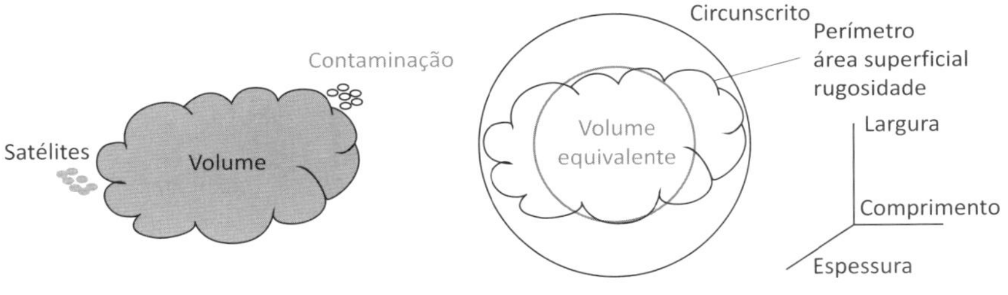

Figura 3.3 Ilustração para uma partícula de pó metálico, e considerações geométricas e superficiais dela.

Medidas em três dimensões, como comprimento, largura e espessura, podem, da mesma forma, ser consideradas. Além disso, partículas vêm acompanhadas frequentemente de outras menores, sejam elas oriundas de contaminações, sejam partículas muito menores, de mesma natureza química, denominadas *satélites*. Quantificar forma e tamanho, no caso de pós metálicos, depende muito do uso que faremos destes. A quantificação deve ser o mais relevante possível, considerando o comportamento desse pó nas etapas relacionadas com sua utilização.

A Figura 3.4 apresenta diversos formatos para pós metálicos. O que define basicamente a morfologia das partículas é o processo utilizado na produção delas. Assim, se, por exemplo, a moagem é caracterizada por partículas angulares, a atomização a gás é reconhecidamente empregada quando se objetiva obter partículas esféricas. Moagem intensa de metais dúcteis confere um formato que tende ao bidimensional (*flake*). Pós reduzidos a partir dos respectivos óxidos têm aspecto esponjoso, e pós eletrolíticos tendem a ter formato agregado ou dendrítico. Processos de atomização a água promovem formatos entre o arredondado e o irregular. Alguns processos químicos conferem aspecto poligonal ao pó produzido, que, com muita frequência, reflete a estrutura cristalina do metal.

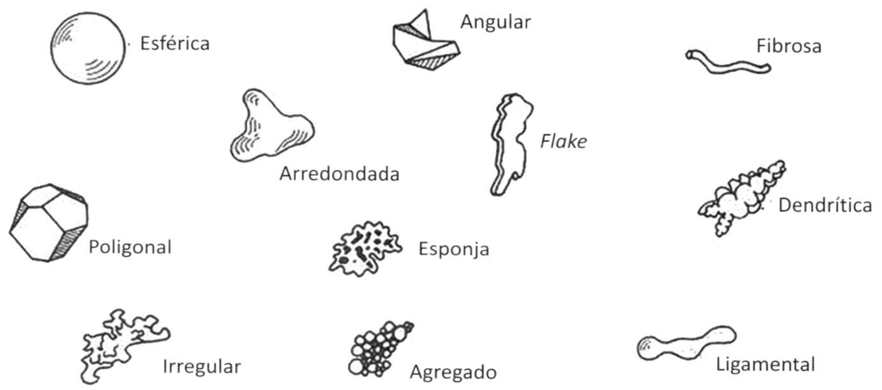

Figura 3.4 Ilustração contendo os principais formatos para pós metálicos.

A Figura 3.5 apresenta micrografias eletrônicas para vários pós obtidos por diferentes processos e, portanto, contendo partículas com diferentes formatos. Os pós aciculares, dendríticos e granulares vieram de processos químicos ou eletrolíticos. Pós irregulares, angulares, na forma de *flake* e fibrosos passaram por processos mecânicos, como moagem. Pós nodulares ou esféricos foram produzidos por atomização a água e a gás, respectivamente.

Além de vincular forma ao processo de fabricação, o formato das partículas interfere em algumas características do pó, como densidade aparente (empacotamento) e escoabilidade (tempo de escoamento), importante em todos os processos de conformação de metais, particularmente na impressão 3D.

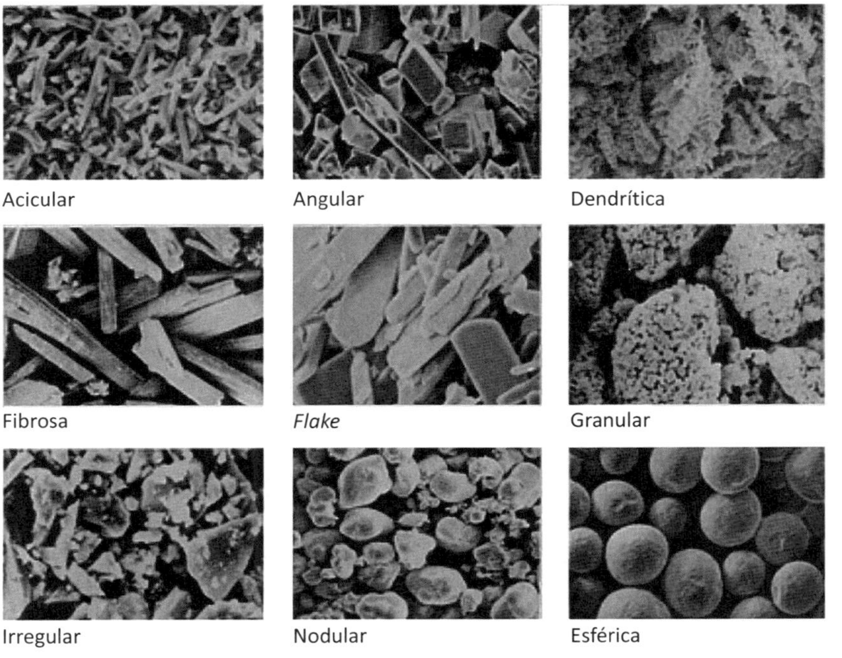

Figura 3.5 Pós obtidos por diferentes processos, contendo partículas com diferentes formatos.

3.2 DISTRIBUIÇÃO GRANULOMÉTRICA E TAMANHO DE PARTÍCULA

Quando se fala em distribuição granulométrica, estamos considerando a capacidade de classificar um pó em faixas por meio do dimensionamento das partículas que o compõem. Isso não é tão simples, já que partículas não são, como vimos, figuras geométricas bem definidas. Na Figura 3.6, é possível visualizar, mais uma vez, essa dificuldade de dimensionamento, considerando a Figura 3.3. Dimensões para uma partícula, como a apresentada na figura, podem ser definidas, por exemplo, pelo diâmetro de uma circunferência à qual a partícula está circunscrita, D_0, ou mesmo pelo diâmetro de uma circunferência de mesma área projeta da partícula, D_A. O que definirá as dimensões das partículas é o tipo de medida utilizado; porém, qualquer que seja o método empregado, o resultado ficará entre os dois mencionados: circunscrição ou projeção.

Figura 3.6 Duas maneiras de dimensionar uma partícula.

O método clássico para a determinação da distribuição granulométrica de uma porção de pó é o baseado no peneiramento, como ilustrado na Figura 3.7. Peneiras com diferentes aberturas, que decrescem de cima para baixo, recebem uma quantidade de pó (100 g, por exemplo). Lembrando mais uma vez que devemos tomar todos os cuidados para que essa amostra seja a mais representativa possível do lote que desejamos caracterizar. O conjunto de peneiras vibra, de modo que as partículas tenham a oportunidade de passar pelas aberturas. É de esperar que a classificação se dê pela menor dimensão das partículas, se tempo e movimento relativo entre partículas e peneiras permitirem. Isso quer dizer que as partículas vão se movimentar na superfície das peneiras até que a menor dimensão delas coincida com a abertura da peneira, fazendo com que ela passe, ou não, para a próxima peneira.

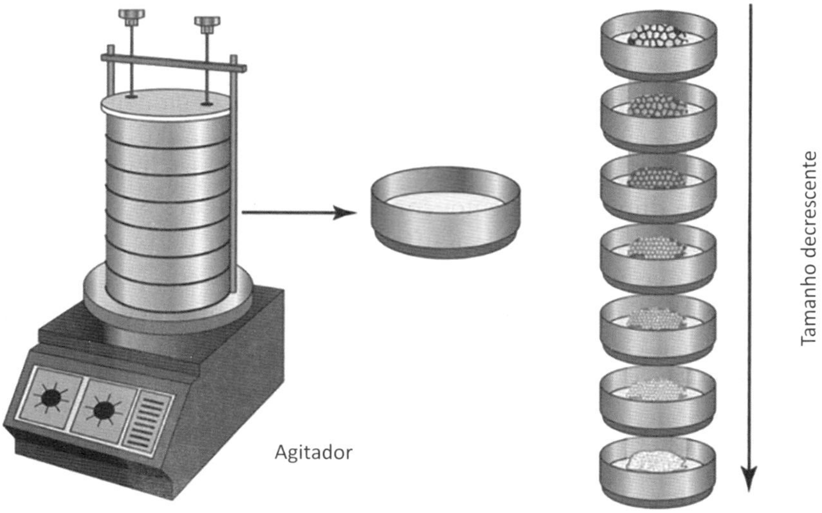

Figura 3.7 Arranjo para determinação da distribuição granulométrica por peneiramento.

Muitos pós tendem a se aglomerar, e, quanto mais finos, maior a tendência na formação de grânulos (conjuntos de partículas). Umidade também pode favorecer a aglomeração, de modo que é conveniente uma etapa de secagem anteriormente ao ensaio por peneiramento. A quantidade de peneiras e suas respectivas aberturas dependerão da distribuição. É comum, portanto, a realização de um primeiro ensaio com um conjunto de peneiras, para posteriormente definirmos quantidades e aberturas convenientes.

A distribuição granulométrica por peneiramento pode ser expressa em micrômetros (μm) ou, muito frequentemente, em *USS mesh* (#). A Figura 3.8 apresenta uma ilustração da abertura física de uma peneira. O *mesh* indica quantas aberturas por polegada linear (25,4 mm) determinada peneira possui. Assim, quanto maior o número em *mesh*, menor a abertura.

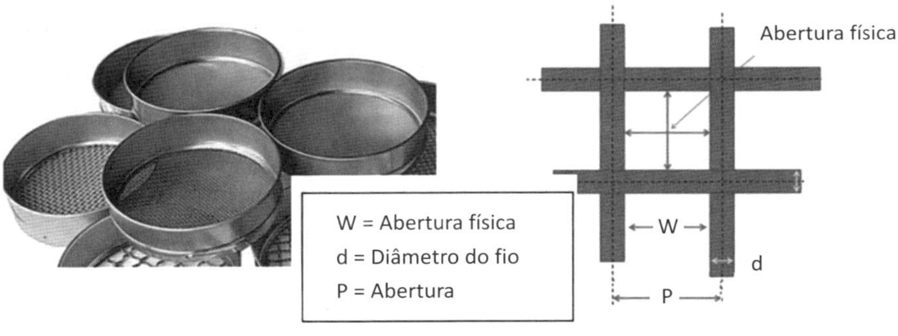

Figura 3.8 Abertura física de uma peneira e conversão em *mesh* (#).

A Tabela 3.1 apresenta a conversão entre *mesh* e micra (micrômetro). Assim, uma peneira *mesh* 100 teria 100 aberturas por polegada linear, ou seja, 0,254 mm ou 254 μm de abertura. No entanto, pela tabela, a abertura é de 149 μm. Essa diferença se deve ao fato de que temos de considerar também o diâmetro do fio usado para tecer a tela, ou seja, a abertura P, da Figura 3.8. Podemos estimar o diâmetro do fio pela diferença entre 254 e 149 micra, algo como 0,1 mm (100 μm). Mais uma vez, quanto maior o número em *mesh*, menor o tamanho da abertura, em micra (micrômetro, μm). Partículas que compõem pós metálicos têm, normalmente, tamanho bem inferior a 2 mm (2.000 μm); por exemplo, um pó de ferro comercial usado na fabricação de aço sinterizado tem tamanho inferior a 100 #, particula, inferior a 149 μm.

Tabela 3.1 Conversão de micrômetro em *mesh*

Abertura (μm)	*USS mesh (#)*	Abertura (μm)	*USS mesh (#)*
2.000	10	149	100
1.190	16	105	140
840	20	88	170
500	35	74	200
420	40	53	270
297	50	44	325
210	70	37	400
177	80	20	625

Apresentar resultados de distribuição granulométrica na forma de tabelas é comum na relação entre fornecedores e consumidores de pó metálicos. No entanto, um tratamento gráfico dado à distribuição granulométrica pode ser útil, visando:

- à identificação do tipo de distribuição (normal, bimodal etc.);
- a uma visualização rápida do que seria um tamanho médio; e
- saber se a distribuição é mais aberta ou fechada.

A Figura 3.9a apresenta diferentes tratamentos gráficos para diferentes tipos de distribuição granulométrica, e a Figura 3.9b transforma uma distribuição normal em gráfico, no qual a abscissa é logarítmica e a ordenada, normal (escala de probabilidade). Para uma distribuição normal, o gráfico log-normal mostra uma reta. Assim, a posição da reta, mais para a direita ou mais para a esquerda, define um "tamanho médio" de partícula para um pó mais grosso ou mais fino, respectivamente. A inclinação da reta no gráfico log-normal determina se a distribuição é aberta (tendendo à horizontal) ou fechada (tendendo à vertical).

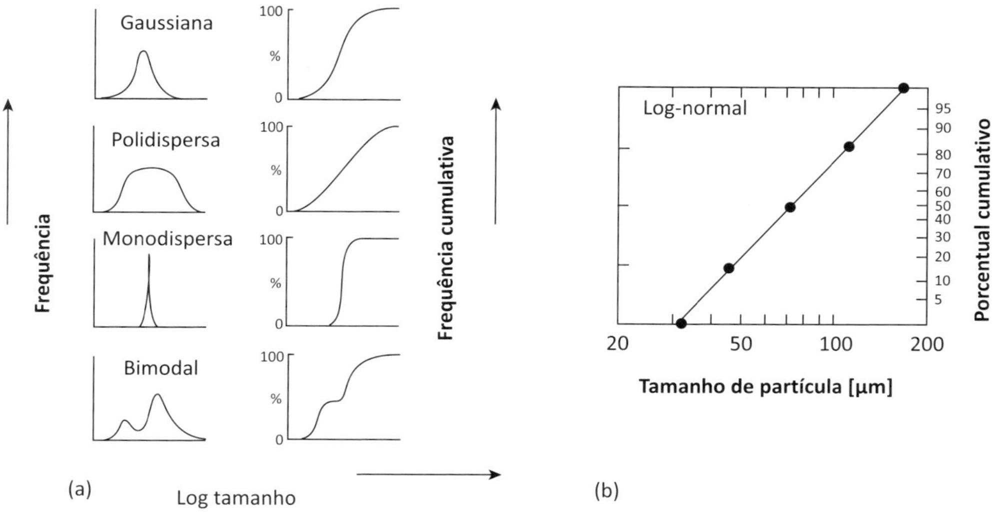

Figura 3.9 Diferentes distribuições granulométricas (a) e curva log-normal (b). Na distribuição granulométrica normal, apresentada no gráfico log-normal, a inclinação da reta relaciona-se com a dispersão (aberta ou fechada) e a posição na horizontal, mais para a direita ou para a esquerda, com o tamanho médio.

Uma maneira mais sofisticada de determinar distribuições granulométricas, principalmente para pós chamados *sub-sieve*, abaixo de 325 ou 400 #, é por meio de laser. A Figura 3.10 ilustra esse método. Um feixe de laser, devidamente tratado por colimadores e lentes, atravessa uma suspensão de partículas em sedimentação, confinadas em uma janela. A obstrução ao laser pelas partículas dispersas é proporcional ao tamanho delas, sendo determinada por detetores. Dessa forma, pode-se ter acesso à distribuição granulométrica, desde que as partículas não estejam aglomeradas na janela; por isso é comum a utilização de dispersantes, de modo a se ter uma suspensão desaglomerada e estável. Aglomeração entre as partículas é o principal fator de erro para esse tipo de medida.

Outro método para determinar a distribuição granulométrica baseia-se na medida da condutividade elétrica de um eletrólito que contém, em suspensão, as partículas a serem medidas, como ilustra a Figura 3.11. Essa suspensão dispersa (eletrólito) de partículas é forçada por uma bomba (depressão) a passar por um orifício (abertura) previamente selecionado entre alguns disponíveis. A obstrução do orifício pela passagem das partículas altera a medida de resistividade elétrica do eletrólito, e essa alteração é proporcional ao tamanho da partícula que está passando no orifício. Tal medida é conhecida por *Coulter counter* e é muito usada para determinação de células sanguíneas, como hemácias, leucócitos e plaquetas, identificando-as pelo tamanho, além de contá-las, importante nesse caso. O espectro quanto a tamanho de partícula é bem amplo, indo de 0,4 a 1.600 µm. Como no laser, esse método também depende da aglomeração das partículas no eletrólito. Surfactantes e agentes suspensores são utilizados para minimizar a formação de aglomerados. É um método muito antigo, cuja patente é de 1953, mas que vem sendo modernizado e utilizado até hoje.

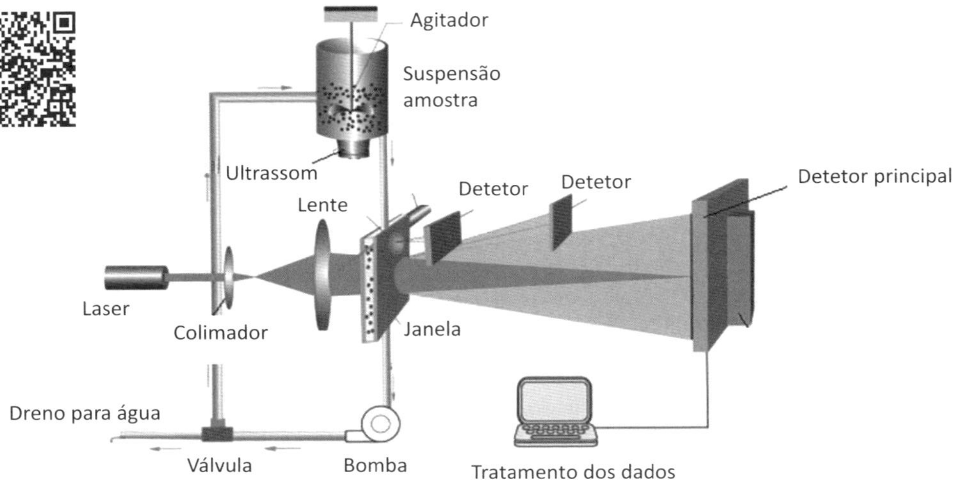

Figura 3.10 Método laser para determinação de distribuição granulométrica.

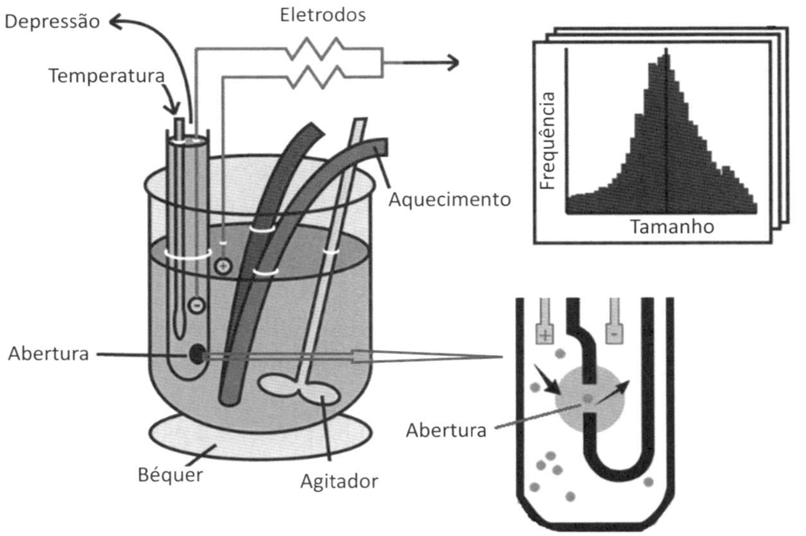

Figura 3.11 Método da condutividade (*Coulter counte*) elétrica para contagem e determinação de distribuição granulométrica de partículas.

Vale pontuar que a caracterização de particulados é multidisciplinar, sendo importante, por exemplo, para as indústrias química, alimentícia e particularmente farmacêutica. Embora estejamos aqui nos dedicando a particulados inorgânicos insolúveis, particulados podem dissolver-se, e o tamanho deles e a sua concentração no solvente passam a ser uma variável. Pensando em uma reação do particulado com o meio, como em um particulado que atue como catalisador, vale mencionar a propriedade "superfície específica", unidade de área superficial da partícula pela unidade de volume ou massa. Maior será a superfície específica quanto menor e mais distante do esférico a partícula for.

Existem diversos métodos para determinação indireta de tamanho de partícula, ou granulometria, do que seria um tamanho médio de partícula (μm) via perda de carga em um leito fixo de pós ou mesmo uma superfície específica (m^2/g) por meio de adsorção gasosa.

Um método antigo, simples e consagrado para determinação de tamanhos de partículas, mais especificamente o tamanho médio de partículas finas *sub-sieve*, é o baseado em perda de carga de um gás (ar) em um leito fixo de pó. Esse procedimento é denominado método Fisher (FSSS, do inglês *Fisher Sub-Sieve Sizer*). A Figura 3.12 ilustra o princípio da medida, e a Figura 3.13 apresenta uma ilustração detalhando o leito fixo de pó, bem como apresenta a foto de um equipamento típico.

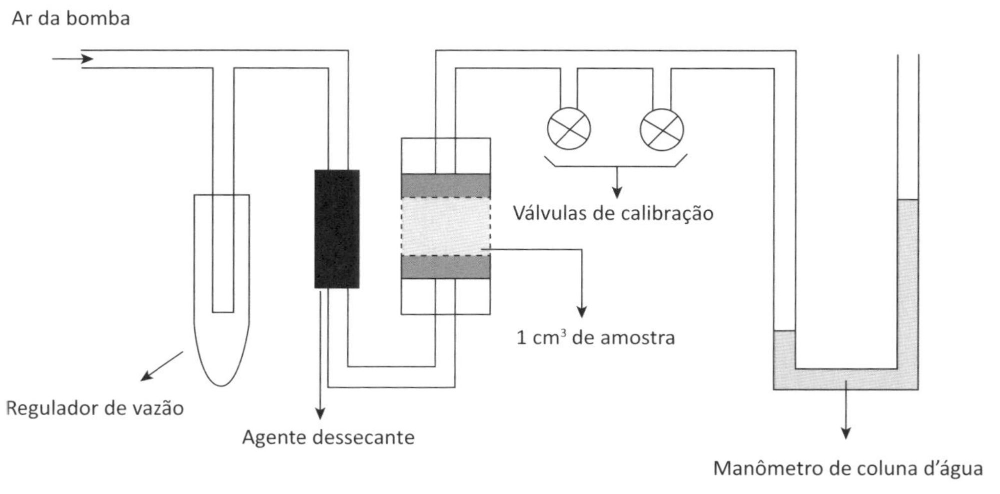

Figura 3.12 Esquema de medida do tamanho médio de partícula via FSSS.

No método FSSS, uma coluna (leito fixo) de amostra de pó, referente a 1 cm^3 e limitada por dois plugues porosos, é atravessada por ar seco em condições padronizadas. É necessário o conhecimento da densidade teórica do material a ser ensaiado, já que o volume será determinado pela massa referente a 1 cm^3; assim, se estivermos medindo pó de níquel carbonila, por exemplo, usaremos 8,9 g de pó, uma vez que a densidade do níquel é 8,90 g/cm^3. Quanto mais fino o pó, menores serão os interstícios entre as partículas e maior a perda de carga, restrita à passagem do ar. O equipamento (Figura 3.13b) possui um ábaco que converte essa perda de carga de coluna d'água, por meio de um manômetro diferencial em U, no que seria um "tamanho médio" de partícula, ou número FSSS. Esse número pode ainda ser convertido em um valor de superfície específica, por meio da relação de Carman-Kozeny, que avalia a permeabilidade de um leito a partir da geometria de seus poros. A grande limitação do método FSSS é que ele considera que as partículas são todas esféricas e de mesmo tamanho, o que pode estar muito longe da realidade para muitos pós. É um método muito usado para determinar o efeito de variáveis de processo, como o tempo de moagem em moinho de bolas no desempenho do pó moído. É ainda muito utilizado para acompanhar processos de moagem de carbonetos para metal duro, por exemplo (WC) e de ferritas ($BaO.6Fe_2O_3$). Para cada um dos casos, define-se que a moagem está adequada a partir de certo valor de FSSS.

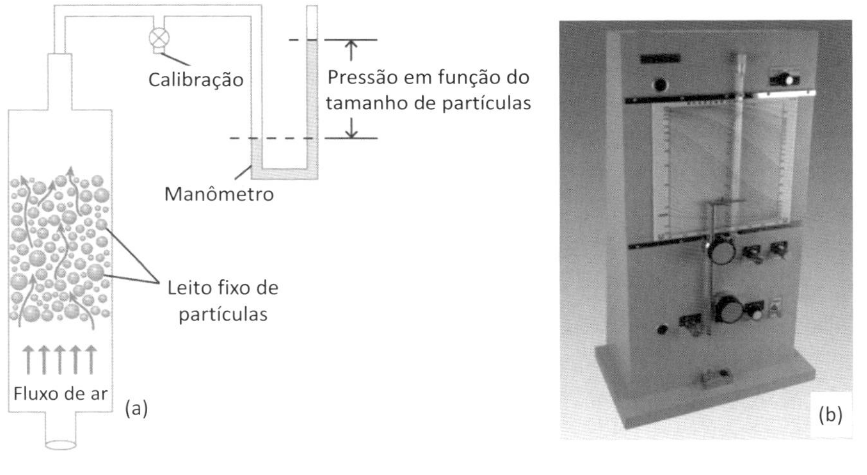

Figura 3.13 Ilustração (a) e foto (b) para o FSSS.

Embora possamos determinar, aritmeticamente, a superfície específica usando o método FSSS, um método clássico mais direto para esta determinação é o BET, que baseia-se na adsorção de gás, como ilustrado na Figura 3.14. Foi desenvolvido em 1938 por Brunauer, Emmett e Teller, vindo daí o nome "BET". Por esse método, estabelecem-se condições experimentais para que uma camada monomolecular de determinado gás seja adsorvida por toda a superfície das partículas que compõem uma amostra de pó. Essa camada é, então, removida, sendo determinado o volume de gás adsorvido pela diferença de pressão (P) entre a célula de referência e o porta-amostra, ambos em determinada temperatura (T). Uma camada monomolecular de hélio é formada (capturada) nas superfícies das partículas que compõem a amostra, e geram a referida diferença de pressão. Dessa forma, é determinada a área total, e o resultado é expresso em metros quadrados por grama (m^2/g), conhecida a massa de amostra utilizada.

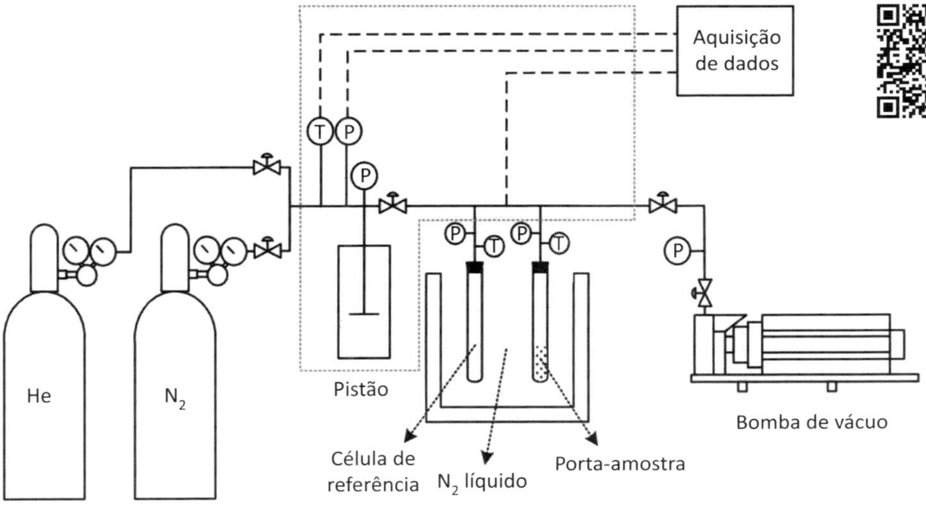

Figura 3.14 Esquema da medida de superfície específica via BET.

3.3 ESCOABILIDADE E DENSIDADE APARENTE

Dedicamo-nos até agora a dimensionarmos as partículas que compõem uma amostra de pó. Existem medidas tecnológicas, indiretas e mais simples, relacionadas com o comportamento do pó no que se refere ao seu livre escoamento ou mesmo ao volume ocupado por certa quantidade. Esse é o caso de medidas como escoabilidade e densidade aparente, que são realizadas num mesmo dispositivo, um funil, no interior do qual é colocada uma quantidade de pó, que flui livremente por gravidade através de um orifício que possui um diâmetro especificado. O tempo necessário para que 50 g de pó escoe é justamente o valor da escoabilidade, ou tempo de escoamento, sendo o resultado apresentado em segundos por 50 g (s/50 g).

A densidade aparente também é medida no funil, usando procedimento similar. Um volume de pó escoa através do funil, preenchendo um recipiente de volume conhecido, previamente tarado. A massa de pó dividida pelo volume define a densidade aparente. O arranjo é o mesmo usado para determinação do tempo de escoamento, com o pó escoando livremente para dentro do recipiente. Um esquema de um dos funis mais utilizados, o funil *Hall*, é ilustrado na Figura 3.15a, que apresenta também a foto (Figura 3.15b) deste dispositivo. Outros funis, como o *Scott* e o *Carney*, ou mesmo outros princípios de , como no método Arnold, também podem ser empregados, mas são menos populares que o funil *Hall*. O valor de escoabilidade e densidade aparente estão intimamente ligados aos projetos de ferramentas de compactação, particularmente no que se refere à "câmara de pó", como veremos na sequência deste texto. O volume de pó que preenche a cavidade (câmara de pó) de uma ferramenta de compactação e a pressão de compactação definem a densidade a verde, variável de processo importante na produção de sinterizados.

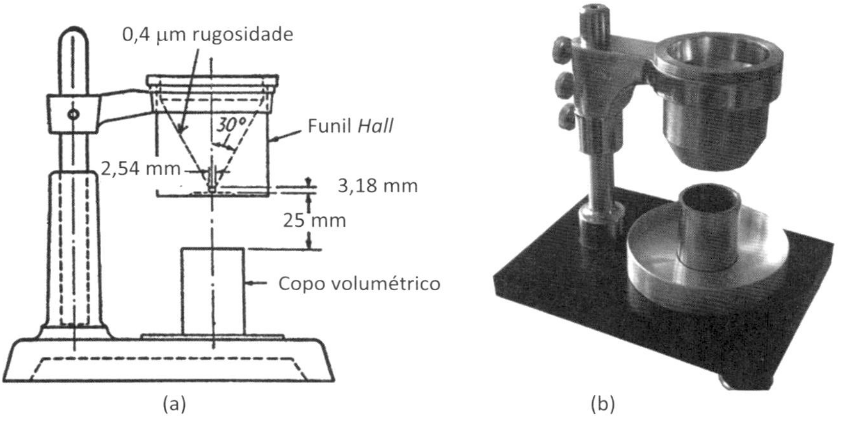

Figura 3.15 Arranjo de funil *Hall* usado para medida de densidade aparente e escoabilidade (a) e foto do dispositivo (b).

Valores de composição química, distribuição granulométrica, densidade aparente e escoabilidade são apresentados, normalmente, em certificados oferecidos por fornecedores de pós, sobretudo os atomizados a água.

Ensaios que visam obter informações sobre o empacotamento das partículas que compõem determinada amostra de pó também são empregados. Esse é o caso da densidade batida, em que uma quantidade definida (massa) de pó preenche livremente um recipiente com volume graduado. O volume é reduzido pelo empacotamento das partículas induzido por batimentos sucessivos. As batidas vão até que não haja mais variação de volume; dessa forma, estipula-se a densidade batida como a massa de pó dividida pelo volume determinado no recipiente graduado. A Figura 3.16a ilustra dispositivo empregado nesse ensaio, e a Figura 3.16b apresenta a foto de um equipamento comercial.

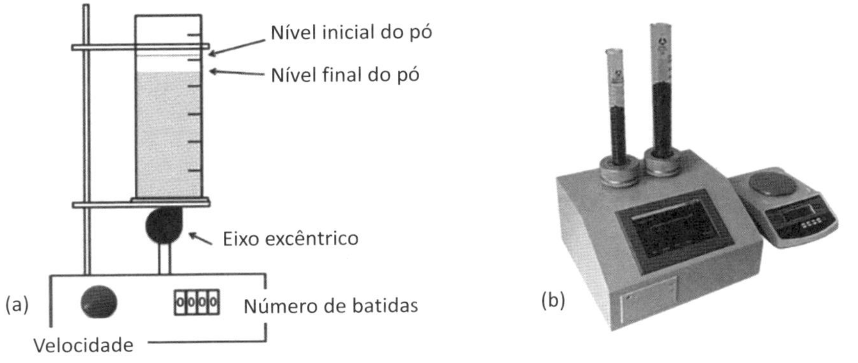

Figura 3.16 Sistema para medida de densidade batida (a) e foto ilustrativa de um equipamento comercial (b).

3.4 PERDA AO HIDROGÊNIO

A presença de oxigênio em pós metálicos é esperada, seja ele adsorvido, seja na forma de óxidos superficiais. O teor de oxigênio pode variar como o tempo e as condições de armazenamento dos pós. A suscetibilidade do pó à oxidação tem relação com a natureza do metal e do tamanho de partícula (superfície específica). Uma maneira de determinar o teor de oxigênio, presente principalmente na forma de óxidos superficiais, é por meio de um ensaio de redução sob hidrogênio, denominado de perda ao hidrogênio.

O ensaio de perda ao hidrogênio tem como objetivo uma medida indireta do teor de oxigênio, embora constituintes voláteis também sejam contabilizados. A Figura 3.17 ilustra um dispositivo utilizado para determinar a perda ao hidrogênio. Uma quantidade conhecida de pó é inserida no interior de forno, normalmente tubular e "muflado" (câmara metálica), sob atmosfera redutora (hidrogênio). A Tabela 3.2 apresenta condições de ensaio para pós metálicos mais comuns. A temperatura de ensaio varia de acordo com a temperatura de fusão do metal e a estabilidade do óxido metálico. Menores temperaturas são utilizadas para redução de óxidos menos estáveis. O gás redutor (hidrogênio), reage com o óxido presente na superfície do pó, reduzindo-o e formando metal e vapor d'água. A variação de massa determina a perda ao hidrogênio e está vinculada à concentração de óxidos. Esse valor é dado de catálogo para, por exemplo, pós de ferro. Uma medida precisa do teor de oxigênio pode ser feito em laboratório, utilizando o método da combustão em alta temperatura e cadinho e grafita.

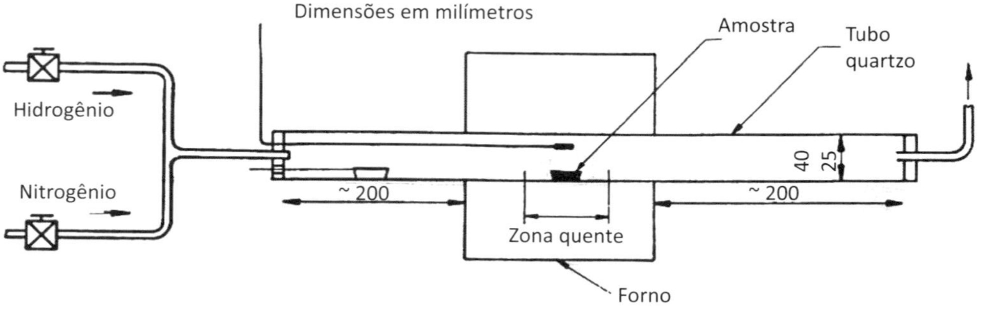

Figura 3.17 Arranjo de ensaio de perda ao hidrogênio.

Tabela 3.2 Condições para ensaio de perda ao hidrogênio

Metal	Tempo [mín.]	Temp. fusão [°C]	Temp. ensaio [°C]
Cobalto	60	1.768	1.120
Cobre	30	1.084	875
Chumbo	30	327	550
Ferro	60	1.538	1.120
Níquel	60	1.455	1.120
Estanho	30	232	550
Tungstênio	60	3.422	1.120

3.5 COMPRESSIBILIDADE

Para pós metálicos que serão utilizados para a fabricação de componentes sinterizados, uma característica fundamental é a compressibilidade, ou seja, como a densidade varia com a pressão de compactação. O desejável é que se chegue a elevadas densidades a verde (como compactado) com menores pressões de compactação.

Assim, o ensaio como o de compressibilidade mede a evolução da densidade a verde (massa sobre volume da amostra como compactada) com a pressão de compactação. A Figura 3.18 ilustra o arranjo para compactação e o resultado expresso graficamente, com a pressão de compactação na abcissa e a densidade obtida na ordenada.

Uma matriz de formato simples, com 1 cm^2 de área, para facilitar a mediação do volume pode ser utilizada, como na Figura 3.18a. O resultado normalmente é expresso na forma gráfica, relacionando a pressão de compactação com a densidade a verde, como na Figura 3.18b. A densidade a verde aumenta com o aumento da pressão de compactação, convergindo, assintoticamente, para o valor da densidade teórica, que para o aço inoxidável é 8 g/cm^3. Não é comum o uso de pressões de compactação acima de 600 MPa, e compactações acima de 700 MPa são raras e exigem muito da ferramenta de compactação. Certificados oferecidos por fabricantes de pós apresentam em geral valor de densidade a verde para determinada pressão de compactação, muito frequentemente densidade para 400 MPa.

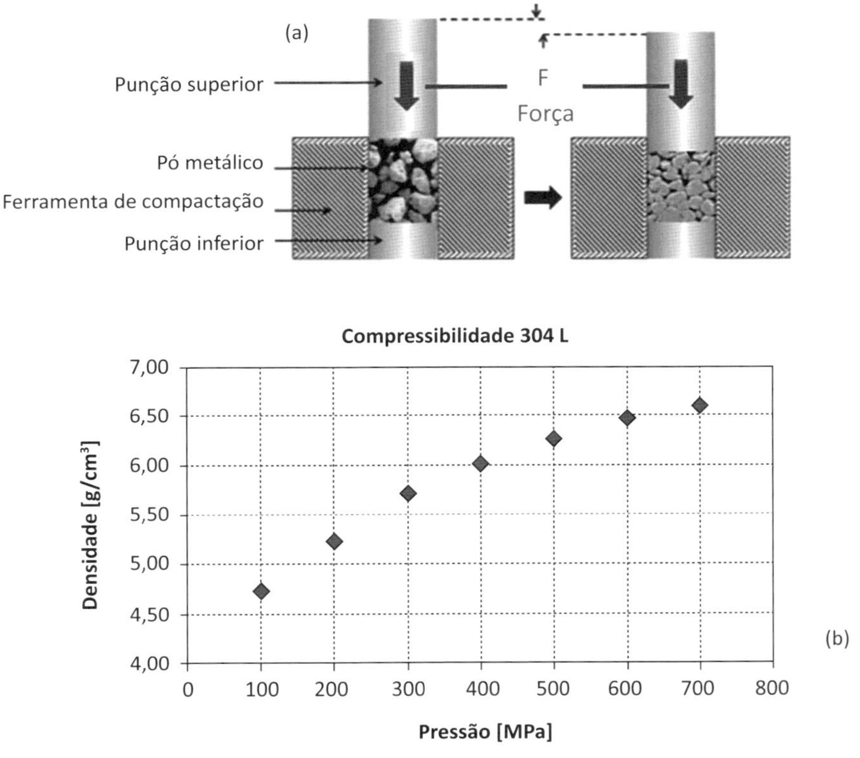

Figura 3.18 Ilustração de um ensaio de compressibilidade (a) e resultado (b), na forma gráfica, para um aço inoxidável 340L, -100#, como pressão de compactação variando de 100 a 700 MPa.

3.6 RESISTÊNCIA À RUPTURA TRANSVERSAL

A resistência a verde (resistência mecânica após a compactação) é uma propriedade importante, já que o compactado deve suportar manipulação até que ocorra a sinterização. Essa manipulação envolve desde a extração do compactado da ferramenta de compactação até o transporte para a sinterização, e não devemos produzir defeitos no compactado.

A avaliação da resistência mecânica do compactado pode ser determinada pela medida da resistência à ruptura transversal de um corpo de prova. Esse ensaio tanto pode ser aplicado ao compactado (amostra a verde) como ao sinterizado. No caso do compactado, é determinada a "resistência a verde", e, no caso do sinterizado, determina-se a "resistência à ruptura transversal".

O arranjo para a medida de resistência à ruptura transversal é o ilustrado na Figura 3.19. Uma amostra na forma de paralelepípedo (Figuras 3.19a e 3.19c) é apoiada em dois pontos e submetida a uma carga (força), conforme ilustrado nas Figuras 3.19b e 3.19c.

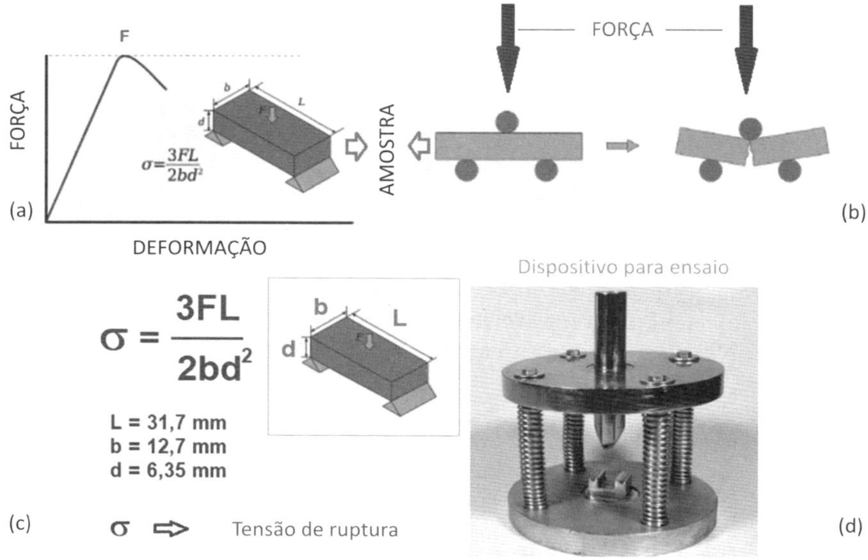

Figura 3.19 Arranjo para determinação de resistência à ruptura transversal.

O valor da resistência a verde reflete características do pó, bem como condições de compressão utilizadas para obtenção da amostra. Pós com baixo limite de escoamento têm acentuada deformação plástica, mesmo com baixas pressões de compactação. Se as partículas que constituem o pó forem irregulares, vão se "abraçar" durante a compressão. Dessa forma, garantir baixo limite de escoamento, que depende da composição química do pó e certa irregularidade das partículas, pode assegurar uma boa resistência mecânica a verde. Em outro extremo, partículas esféricas e altamente ligadas (endurecidas por solução sólida) possuem baixíssima compressibilidade e resistência a verde, talvez não sendo possível nem a obtenção de um corpo de prova, como o apresentado na Figura 3.19.

Como veremos mais à frente, se o pó possui baixa compressibilidade, ou seja, densifica pouco com o aumento da pressão de compactação, e ainda tem baixa resistência a verde, aglomerantes orgânicos podem ser empregados, sendo desejável que eles se decomponham totalmente, sem deixar resíduo antes ou mesmo durante a sinterização.

3.7 VARIAÇÃO DIMENSIONAL

A etapa de compactação define principalmente a forma da peça. É evidente que, ao definir a forma, serão definidas dimensões, que podem ser alteradas com a sinterização. Para muitos produtos sinterizados, há variação dimensional relevante na sinterização. Essa variação depende de características físico-químicas das partículas, como coeficiente de difusão e superfície específica.

Discutiremos a sinterização mais adiante, mas podemos adiantar que vários fenômenos podem ocorrer simultaneamente. A complexidade desses fenômenos depende da complexidade do sistema a ser sinterizado, que pode ser simples, contendo apenas partículas de ferro, ou mais complexo, misturando pós de ferro, níquel e carbono, por exemplo. Como veremos com mais detalhes, ocorrem simultaneamente na sinterização eventos, como expansão térmica, formação de pescoço entre partículas, difusão, formação de fase líquida (caso haja constituinte com temperatura de fusão inferior à temperatura de sinterização), recuperação, recristalização e crescimento. A dimensão do produto sinterizado depende do ajuste e do controle dessas variáveis, na medida do possível, já que muitas delas não são independentes.

Ensaios para determinar a variação dimensional na sinterização são necessários para atender a tolerâncias dimensionais do produto acabado. Isso pode ser feito de uma maneira simples, comparando dimensão antes e depois da sinterização, de modo a ajustar o processo ao atendimento de especificações, inclusive dimensões e tolerâncias.

Há outro modo, um pouco mais elaborado, para determinar a variação dimensional durante a sinterização, que é a dilatometria. Mediante esse ensaio, temos acesso a informações muito úteis para ajuste do processo. A Figura 3.20 ilustra esquematicamente um dilatômetro (3.20a) e apresenta a foto de um equipamento comercial (3.20b). A vantagem da dilatometria é ser uma medida contínua, de modo que eventos, como transformações de fase e variações dimensionais, podem ser detectados durante todo o ciclo térmico.

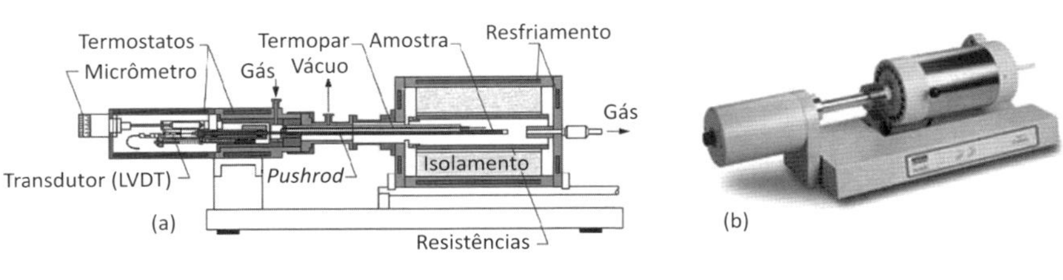

Figura 3.20 Esquema de um dilatômetro que pode ser utilizado na determinação da contração durante a sinterização (a) e foto de um equipamento comercial (b).

Um caso particularmente interessante, nesse contexto, relaciona-se com a sinterização de aços – basicamente ligas de ferro, cobre e carbono. Esse é um produto sinterizado que denominamos de "estrutural", peças utilizadas, por exemplo, pela indústria automotiva. Esses devem ter uma densidade relativa, razão entre a densidade do sinterizado e a densidade teórica, superior a 90%, ou seja, para um aço, a densidade seria superior a 6,90 g/cm^3. Essas ligas são, na maior parte das vezes, obtidas a partir de misturas dos pós elementares, já que, se o pó fosse pré-ligado, teria limite de escoamento muito elevado e, consequentemente, baixa compressibilidade. Essas misturas são compactadas e, então, sinterizadas.

A investigação do efeito de variáveis de processo, como pressão de compactação e ciclo térmico de sinterização, nos fenômenos mencionados, fornece subsídios para um bom controle dimensional. A Figura 3.21 apresenta curva dilatométrica para aço (Fe, C e Cu) aquecido com três diferentes taxas de aquecimento. É possível identificar a transição alfa-gama (ferrita em austenita) em temperatura entre 700 e 800 °C, acompanhada de acentuada contração, já que a austenita (estrutura cúbica de face centrada) é mais compacta que a ferrita (estrutura cúbica de corpo centrado). Observa-se também a fusão do cobre numa temperatura pouco abaixo de 1.100 °C, acompanhada de uma expansão abrupta, devido ao *swelling* ou inchamento, resultado da penetração do cobre líquido entre as partículas de ferro. Observa-se na figura que a transição alfa-gama se dá em diferentes temperaturas, considerando as taxas de aquecimentos. A taxa de aquecimento interfere na dissolução do carbono no ferro, afetando a temperatura de transição, e quanto menor a taxa de aquecimento, maior a concentração de grafita na ferrita, fazendo com que a temperatura de transição alfa-gama fique mais baixa. A expansão inicial é decorrente do coeficiente de expansão térmica, e a dilatometria é usada inclusive para determinar esse coeficiente para diversos metais e ligas. Com o aumento da temperatura, observa-se a contração, devido à transição alfa-gama, e a expansão, devido à formação do líquido (fusão do cobre). Percebe-se que, nesse caso, não houve contração decorrente da sinterização, até temperatura próxima de 1.200 °C.

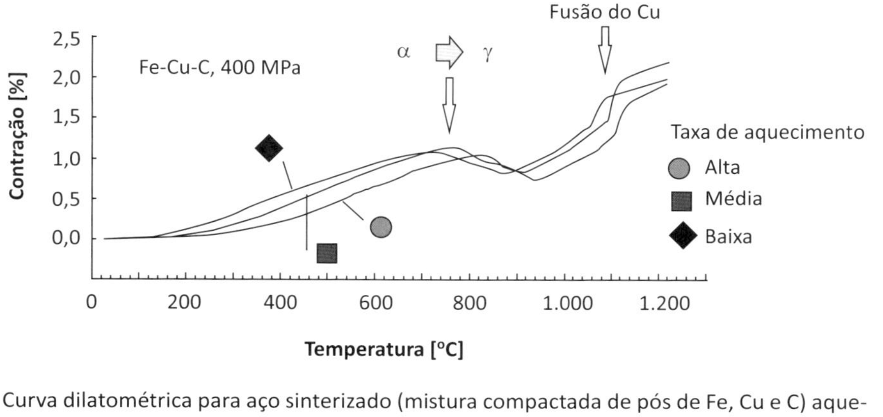

Figura 3.21 Curva dilatométrica para aço sinterizado (mistura compactada de pós de Fe, Cu e C) aquecido com três diferentes taxas. Amostra compactada com 400 MPa.

A Figura 3.22 apresenta curvas dilatométricas para pós compactados de aço inoxidável 316L, relativamente grosseiros, entre 70 e 120# (125 a 210 μm), utilizados na fabricação de filtros sinterizados. A manutenção da porosidade interconectada, necessária em um filtro sinterizado, tem um efeito colateral: a redução da resistência mecânica. Alguns aditivos podem ser usados para favorecer a formação de pescoço entre as partículas de pó inoxidável, sendo uma alternativa o Fe_3P, que ativa a sinterização (contração) devido à formação de uma fase líquida. A contração acontece em temperatura próxima de 1.000 °C. A Figura 3.22 mostra que a presença de Fe_3P favorece a contração.

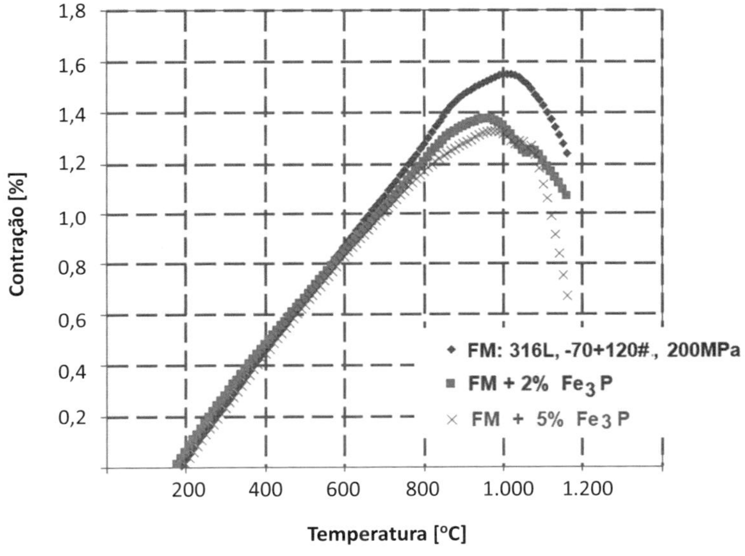

Figura 3.22 Curva dilatométrica para aços inoxidáveis considerando adição de Fe_3P.

Cuidados experimentais em ensaios como os dilatométricos devem ser tomados. Deve-se minimizar a interação com partes do porta-amostra, geralmente de alumina, sobretudo se houver fase líquida. A fase líquida em sinterização deve ser mantida abaixo de um certo volume, já que distorções indesejáveis podem ocorrer.

3.8 DENSIDADE

A medida de densidade, tanto a densidade a verde como a do sinterizado, pode ser realizada se a geometria da peça (amostra) permitir, por meio da determinação da massa (balança analítica) e do volume geométrico (paquímetros e micrômetros). A precisão dessa medida vai depender dos instrumentos de medida e da qualidade (ausência de rebarbas, por exemplo) da amostra.

Para geometrias complexas ou mesmo para medidas mais precisas, o método hidrostático é normalmente empregado. Nesse caso, o que é medido é o volume de água deslocado por amostra submersa, utilizando o princípio de Arquimedes. A Figura 3.23 ilustra o método para a determinação dos pesos (massas) da amostra ao ar e submersa em um líquido, como a água. É relativamente fácil demonstrar que a razão entre a massa "seca" (m_{ar}) e a diferença entre as massas seca e submersa ($m_{ar} - m_{H2O}$), multiplicada pela densidade do líquido na temperatura da medida (d_{H2O}), determina a densidade da amostra (peça), como ilustrado em 3.23a. A Figura 3.23b ilustra o arranjo para a medida utilizando balança analítica e um dispositivo que permite tanto determinar a massa da amostra ao ar como submersa.

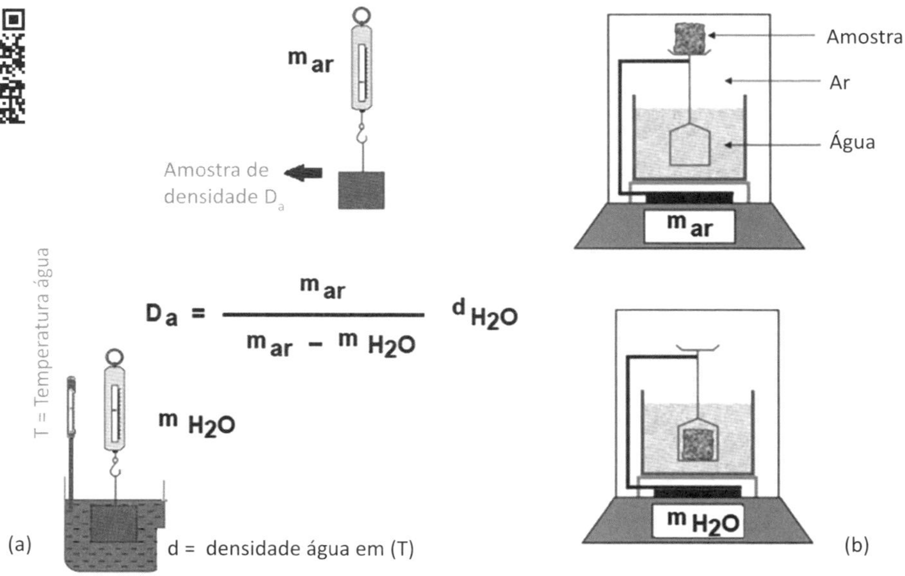

Figura 3.23 Arranjos empregados na medida de densidade hidrostática.

Outra maneira de determinar volume é por picnometria. Pode ser por meio de picnômetros de vidro ou com o gás hélio. Os princípios são semelhantes em ambos os casos. No picnômetro de vidro, conforme ilustrado na Figura 3.24, mede-se a massa de água deslocada por uma amostra, e, no picnômetro a gás, medem-se diferenças de pressão associadas à alteração de volume pela presença de uma amostra no interior de um recipiente de volume conhecido.

A Figura 3.24a apresenta a foto de um picnômetro de vidro, disponível comercialmente para diversos volumes. Um picnômetro como esse, nada mais é do que um recipiente com volume precisamente definido, possuindo dois acessórios, um porta-termômetro e um "ladrão" para expulsar a água excedente. O objetivo dessa medida é determinar o volume da amostra pela medida da massa da água deslocada por esta amostra, como ilustrado em 3.24b e descrito a seguir:

a) medir a massa m_1 em uma balança analítica;

b) medir a massa m_2 do picnômetro cheio d'água, contendo o termômetro devidamente montado;

c) medir a massa m_3, da mesma forma que m_2 mas com a amostra submersa;

d) determinar m_4 pela diferença $m_3 - m_1$;

e) determinar o volume de água deslocada V_3, pela razão entre m_4 e d, que é a densidade da água na temperatura medida pelo termômetro;

f) determinar o volume V_1 pela diferença $V_2 - V_3$, sendo V_2 o volume conhecido do picnômetro;

g) determinar a densidade desejada da amostra d_1, pela razão entre m_1 e v_1.

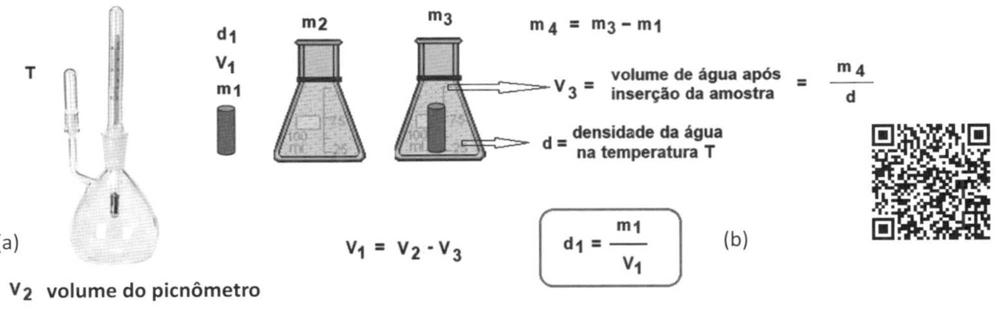

Figura 3.24 Foto de picnômetro de vidro (a) e medida de densidade pela determinação do volume por picnometria (b).

O principal cuidado em uma medida como essa é garantir que o líquido (nesse caso, água) preencha todo o volume do picnômetro não ocupado pela amostra. Talvez seja necessário criar uma depressão no picnômetro com amostra e água, para remover bolhas.

3.9 PROPRIEDADES MECÂNICAS

Embora não tenhamos falado de compactação e sinterização, vamos apresentar aqui alguns aspectos particulares relacionados com produtos obtidos por M/P. A determinação de propriedades mecânicas para metais, de um modo geral, é bem estabelecida e tem como objetivo antecipar questões ligadas a desempenho. Para metais sinterizados, não é diferente, e tais propriedades são determinadas do mesmo modo que para metais produzidos por outros processos de fabricação. Há disponível uma vasta literatura sobre propriedades mecânicas para metais e ligas, e, neste ponto, discutiremos apenas propriedades mecânicas do pó, mais especificamente medidas de dureza determinada em partículas, desde que a amostra seja devidamente preparada.

A medida de dureza visa antecipar, em muitos dos casos, o desempenho quanto ao desgaste e pode ser definida, de maneira simplificada, como a resistência à penetração. Vários são os métodos baseados nisso, como o de dureza Vickers, ilustrado na Figura 3.25. Uma força aplicada faz com que uma ponta piramidal, geralmente de diamante, penetre na amostra, produzindo uma indentação cujas dimensões dependem da dureza da amostra indentada (3.25a). A Figura 3.25b apresenta o equipamento utilizado para esse tipo de medida. Se surgirem trincas nas pontas (arestas) da indentação, essas podem ser medidas de modo a determinar a tenacidade a fratura, importante no caso de materiais frágeis, de elevada dureza. Claro que dureza e tenacidade à fratura são propriedades importantes para produtos consolidados, em nosso caso, por sinterização. No entanto, medidas de dureza em partículas podem fornecer informações microestruturais relevantes.

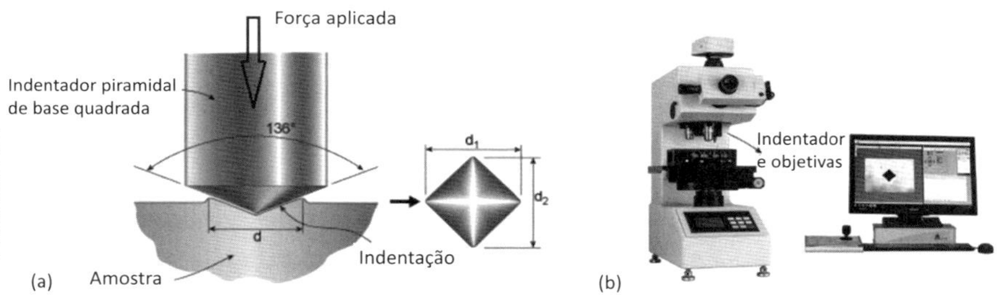

Figura 3.25 Dureza Vickers, ilustração do método (a) e equipamento utilizado para a medida (b).

A Figura 3.26a apresenta imagem de microscopia óptica de medida de dureza Vickers em partícula de material metálico, cuja seção polida é também apresentada na Figura 3.26b, com menor aumento. Para que a medida tenha algum significado, a área da indentação deve ser várias vezes menor que a da partícula que está sendo indentada.

Voltaremos mais adiante a falar de propriedades mecânicas, relacionando o tipo de material, sua aplicação e o processo de consolidação empregado.

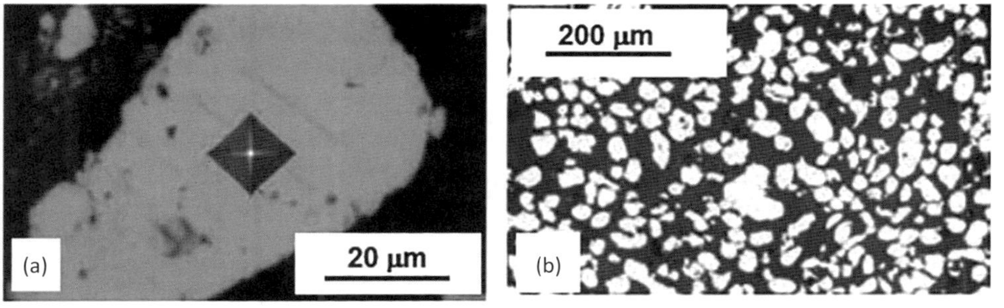

Indentação em partícula de alumínio — Seção polida: pós de alumínio

Figura 3.26 Dureza Vickers em material metálico particulado.

3.10 CARACTERIZAÇÃO MICROESTRUTURAL

A caracterização da microestrutura de materiais metálicos, bem como propriedades mecânicas, é muito empregada para se estabelecer uma relação entre o processo de fabricação e as propriedades obtidas, independentemente do processo de fabricação, valendo para processos no âmbito da M/P. Particularmente, uma caracterização microestrutural pode ser também realizada em pós, desde que devidamente preparados para isso. Nos capítulos anteriores, foram discutidos aspectos ligados ao tamanho e à morfologia das partículas para diversos pós metálicos, além de vários métodos de medidas. Uma maneira direta para a observação de partículas é por meio de microscopia eletrônica de varredura, na qual podemos observar tamanho, formato, distribuição granulométrica, aspecto superficial etc., e a observação do pó solto, desta maneira, é prática usual e de grande utilidade. Já o estudo da microestrutura das partículas, propriamente dita, requer preparação metalográfica adequada, sendo necessário embutimento, lixamento e polimento. Se a preparação metalográfica de materiais sinterizados é relativamente simples, como é para metais de um modo geral, o mesmo não acontece com pós. O embutimento do pó deve considerar as etapas seguintes de lixamento, polimento, e, eventualmente ataque químico. As partículas devem estar firmemente aderidas ao material de embutimento, resina ou baquelite, sendo a primeira, resinas de cura a frio, muitas das vezes, mais adequadas que baquelite.

Um primeiro aspecto que deve ser considerado na observação microestrutural de partículas metálicas é a diferença existente entre o que é partícula, grão (cristal) e aglomerado, conforme ilustrado na Figura 3.27. Um aglomerado é composto por partículas, que, por sua vez, são compostas por grãos, embora seja possível haver partículas monocristalinas, compostas de um único grão. Temos adotado aqui a definição para *pós metálicos* como "um conjunto de partículas e/ou aglomerados".

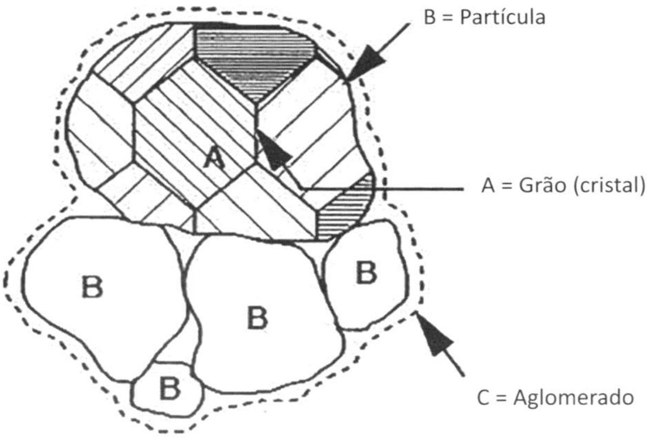

Figura 3.27 Diferença entre partícula, grão e aglomerado.

A observação da seção polida de pós permite acessar aspectos, como os apresentados na Figura 3.27. A Figura 3.28 ilustra exatamente isso, para o caso de pó de ferro. É possível observar partículas de ferro, preponderantemente irregulares, e, dentro das partículas, os grãos, revelados pelo ataque químico dos contornos. Alguns vazios internos também são visíveis. O tamanho das partículas é bastante variável, e precisaríamos fazer uma estatística de várias regiões dessa amostra para termos algo quantitativo.

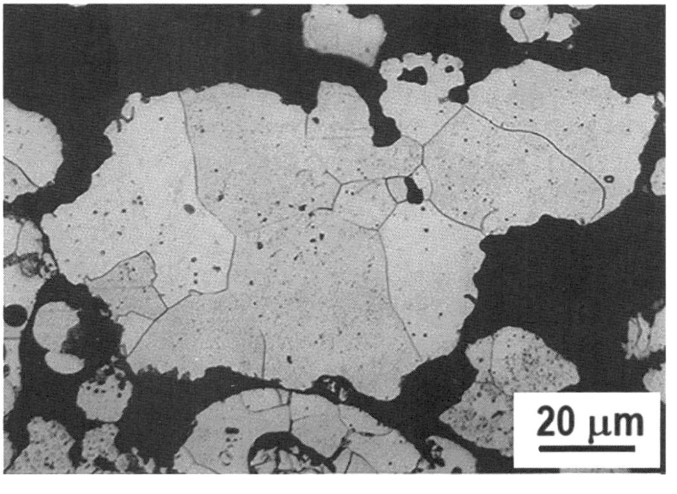

Figura 3.28 Micrografia óptica de seção polida de pó de ferro atacada com Nital.

Além de visualizar grãos, partículas e aglomerados, a observação de uma seção polida devidamente preparada, e eventualmente atacada quimicamente, permite identificar a presença dos constituintes (fases) microestruturais, sendo possível, como vimos, possível a observação dos grãos que compõem as partículas.

A Figura 3.29 apresenta imagens obtidas por microscopia eletrônica de varredura (MEV) de partículas de silício. Em 3.29a vemos partículas esféricas produzidas por atomização a gás, com tamanho variando, aproximadamente, de 20 a 10 μm. Em 3.29b observamos partículas irregulares, fraturadas, obtidas por moagem. Em 3.29c temos imagem da seção polida da partícula obtida por atomização a gás, em que é possível observar a presença de intermetálicos em contornos de grão, importante, nesse caso, para o desempenho do pó, usado para síntese de silicone.

Figura 3.29 Aspecto de pó de silício atomizado a gás (a), moído (b) e seção polida de pó atomizado (c).

A Figura 3.30 apresenta microscopia óptica de seção polida de pó de aço inoxidável, mostrando uma matriz de austenita, com ferrita e carbonetos nos contornos de grão. Esse procedimento, usado no controle de qualidade, pode levar à conclusão de que a composição química não foi a especificada, ou, eventualmente, o pó não tenha sido produzido conforme deveria.

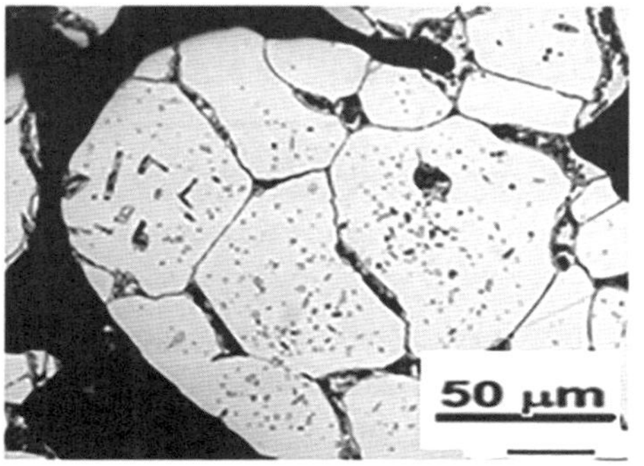

Figura 3.30 Seção polida de pó de aço inoxidável mostrando austenita, ferrita e carbonetos.

A caracterização microestrutural de sinterizados, como veremos mais detalhadamente adiante, é similar à empregada para materiais metálicos produzidos por outros processos de fabricação. Existem particularidades microestruturais dos sinterizados, como a presença de poros.

Vejamos, por exemplo, o caso apresentado na Figura 3.31, na qual temos diversas micrografias ópticas de aços sinterizados contendo diferentes teores de carbono. Como já discutimos, um aço-carbono sinterizado é produzido pela mistura de pó de ferro, normalmente atomizado ou reduzido, de elevada pureza (com baixa concentração de carbono), com grafite. O *alloying* (interação do carbono com o ferro) se dará durante a sinterização e dependerá de condições, como taxa de aquecimento, temperatura máxima, tempo na temperatura máxima, taxa de resfriamento, atmosfera etc. É possível observar, na Figura 3.31, regiões mais escuras, normalmente acompanhando os contornos de grão, que são os poros, em geral presentes em boa parte dos produtos sinterizados. É possível também observar a presença de regiões acinzentadas, contendo lamelas e cuja concentração aumenta com o aumento no teor de carbono. Esse constituinte (fase) é perlita, lamelas intercaladas de ferrita (ferro alfa) e cementita (Fe_3C), e que é resultado da interação do carbono adicionado com o ferro e do aquecimento na sinterização. Se olharmos cuidadosamente as microestruturas, poderemos encontrar carbono não dissolvido, que não interagiu com o ferro.

Figura 3.31 Micrografias ópticas de aço sinterizado contendo diferentes teores de carbono, muito dele combinado na forma de perlita. Amostras atacadas com nital.

O estudo da microestrutura de materiais sinterizados possui diversos aspectos e pode satisfazer a diversas necessidades, e sempre funcionará como vínculo entre o processo de fabricação, as propriedades e o desempenho.

CAPÍTULO 4
Conformação de pós metálicos

O termo *conformação de pós*, neste contexto, refere-se a processos de consolidação, por meio de compressão, por exemplo. Outros processos de consolidação podem ser empregados, mas tendo, frequentemente, o objetivo de obter uma peça, ou mesmo uma pré-forma, que pode passar por tratamentos térmicos posteriores, como uma sinterização.

Vários processos podem ser aplicados à conformação de pós metálicos, podendo envolver compressão a quente, uniaxial, isostática ou assistida por corrente elétrica (SPS, do inglês *spark plasma sintering*). No SPS, o aquecimento e a compressão são simultâneos. A pressão pode, adicionalmente, dar-se na forma de extrusão ou forjamento. De um modo geral, a conformação de pós metálicos tem sido considerada como um "processo metalúrgico", sem a presença extensiva de fase líquida. Essa definição se enfraquece se incluirmos os processos diretos de manufatura aditiva, como é o caso daqueles que envolvem fusão a laser em leito de pó (L-PBF, do inglês *laser powder bed fusion*). Na compactação a frio convencional, que tem sido empregada em larga escala, é comum a adição de pequenas quantidades de lubrificantes orgânicos sólidos, como alguns tipos de ceras. No entanto, alguns processos de conformação de pós contam com a adição de constituintes orgânicos que funcionam como veículos, sendo removidos em algum momento, de modo que o produto final seja totalmente metálico, como na moldagem de pós por injeção (MIM, do inglês *metal injection molding*), ou mesmo nos processos indiretos de manufatura aditiva.

4.1 MISTURA

Seja qual for o processo de conformação a ser aplicado aos pós metálicos, envolvendo ou não compressão, a mistura é o ponto de partida, aspecto importante a ser considerado, de modo que heterogeneidades, induzidas na fabricação ou na manipulação dos pós, sejam minimizadas. Uma fonte comum que induz heterogeneidade é o transporte, e não é incomum se receber embalagens com uma segregação severa.

A Figura 4.1 considera dois casos: um, em 4.1a, em que dois constituintes particulados possuem dimensões próximas; e outro, em 4.1b, em que os constituintes são muito diferentes em termos de tamanho de partícula. Para partículas de diferentes constituintes que tenham tamanhos relativamente próximos, a mistura é menos problemática, principalmente se os constituintes possuírem densidades próximas, o que minimizaria o efeito da gravidade na segregação. Entretanto, quando há diferenças de tamanhos, uma mistura convencional pode ser empregada, mas a homogeneidade passa a ser mais facilmente obtida se as partículas mais finas revestirem as superfícies das partículas maiores. Existem alguns processos que possibilitam esse revestimento, como veremos a seguir.

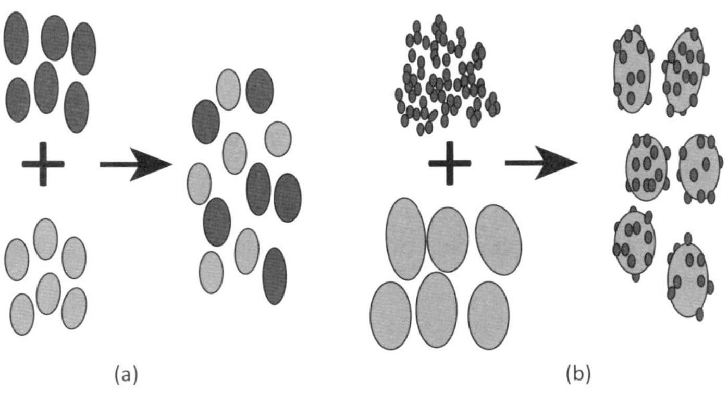

Figura 4.1 Duas possibilidades quanto à mistura de pós metálicos: o tamanho de partícula para os dois pós é próximo (a); e um pó é bem mais fino que o outro (b).

Além das condições A e B, várias outras possibilidades devem ser consideradas, e a adequação das misturas aos processos posteriores, como compactação e sinterização, deve sempre ser considerada. Por exemplo, digamos que pós muito diferentes, química e fisicamente, sejam compactados e sinterizados. Havendo solubilidade mútua, é de esperar a formação de uma liga, na sinterização (*alloying*). Se objetivo é uma dissolução homogênea, de modo a se obter uma microestrutura com pouco gradiente químico, as distâncias relativas entre as partículas dos constituintes deve ser a mais regular possível, e a mistura deve, na medida do possível, prover isso.

Discutiremos a seguir alguns processos utilizados para mistura ou homogeneização de pós. Vale lembrar aqui mais uma vez que, mesmo o pó sendo de mesma natureza, ele possuirá uma certa distribuição granulométrica, e uma segregação poderá ocorrer no transporte ou na manipulação.

A Figura 4.2 apresenta os principais mecanismos considerados na mistura de pós metálicos: difusão, convecção e cisalhamento. Na difusão, há apenas um movimento relativo entre a mistura de pós e o recipiente que a contém, e na convecção e no cisalhamento, há movimento relativo entre as partículas que compõem o pó. As técnicas de mistura que serão apresentadas a seguir utilizarão um ou mais desses mecanismos, e, como já apresentado, o objetivo é a obtenção de uma mistura estável e homogênea do ponto de vista físico e químico.

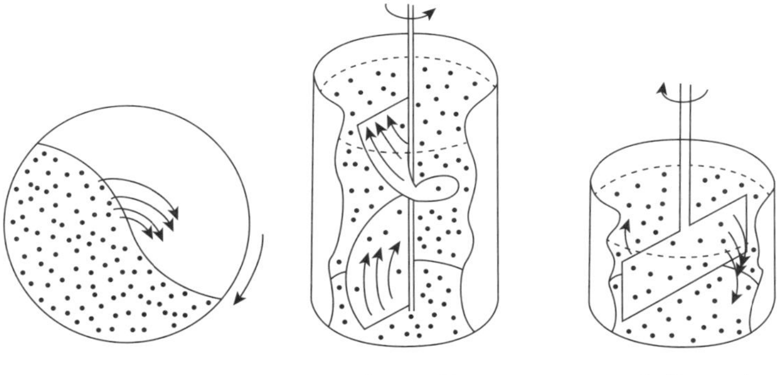

Figura 4.2 Mecanismos durante a mistura de pós.

A Figura 4.3 apresenta algumas configurações possíveis para misturadores, sendo os modelos em 4.3a e em 4.3b eminentemente difusivos. Misturadores que envolvem convecção e cisalhamento são ilustrados em 4.3c e 4.3d. Não é comum para misturas de pós metálicos a seco o uso de agitadores externos.

A Figura 4.4 apresenta fotos para dois dos mais populares misturadores usados em metalurgia do pó: o tipo V e o duplo-cone, que podem ser encontrados em diversos tamanhos. Questões operacionais influenciam a homogeneidade de misturas produzidas nesses equipamentos, particularmente o preenchimento – ou seja, qual o volume ocupado do misturador pela mistura – e a velocidade de rotação. A Figura 4.5 apresenta, para um misturador tipo V, os efeitos do preenchimento e de sua rotação na eficiência de mistura, ou, como apresentado nesta figura, na "taxa relativa de mistura", que pode ser, por exemplo, medida de escoabilidade ou densidade aparente. Há um valor ótimo tanto no que se refere ao preenchimento, como à rotação. Se pensarmos nos limites, não haverá mistura alguma para 100% de preenchimento ou para uma velocidade de rotação muito alta.

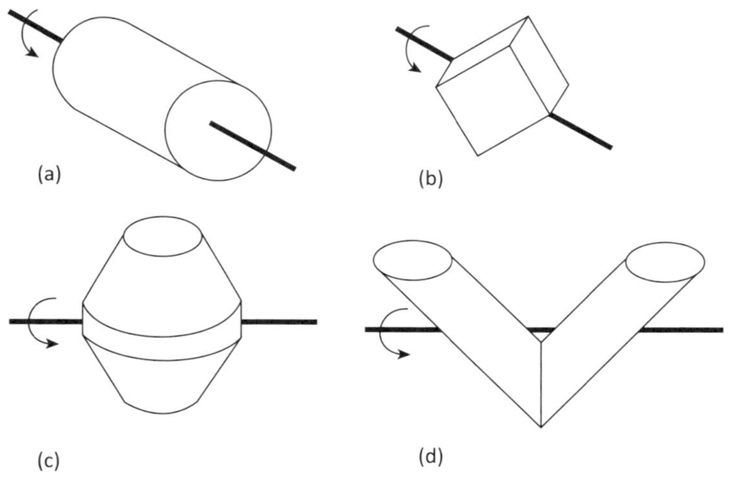

Figura 4.3 Dispositivos de mistura. Em (a) e (b), temos mistura difusiva. Em (c) e (d), a mistura é convectiva e por cisalhamento.

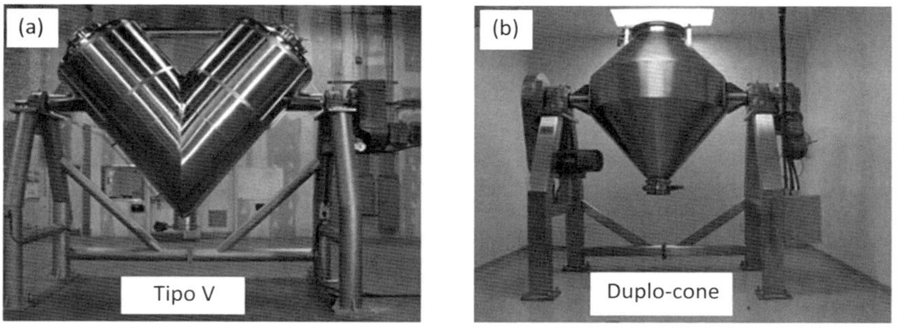

Figura 4.4 Dois misturadores usuais em metalurgia do pó, o tipo V (a) e o tipo duplo cone (b).

A taxa relativa de mistura pode ser mensurada de diferentes maneiras, e uma delas é por meio da medida de escoabilidade e densidade aparente. A variação da escoabilidade com o tempo de mistura, por exemplo, mantendo todas as outras variáveis constantes, apresenta um resultado semelhante aos da Figura 4.5, ou seja, é possível determinar um ponto ótimo em termos de preenchimento e rotação.

A mistura define, por exemplo, as características do que alimentará uma cavidade de ferramenta de compactação, na conformação por compressão uniaxial, sendo extremamente importante para a obtenção de um compactado homogêneo e, da mesma forma, de um sinterizado homogêneo. Heterogeneidades podem interferir na precisão dimensional após a sinterização, e, certamente, nas propriedades e no desempenho do produto sinterizado.

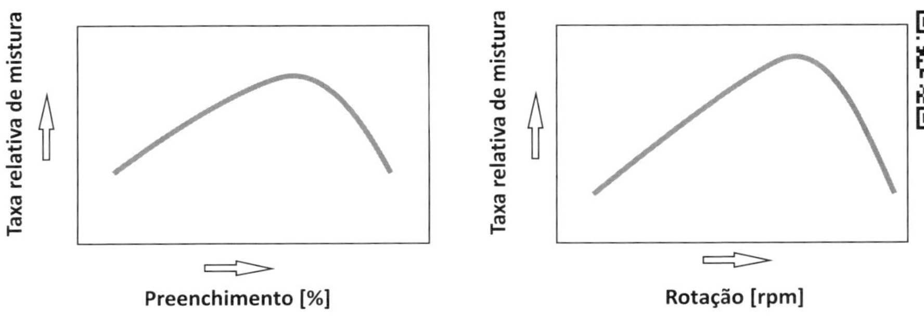

Figura 4.5 Efeito das condições de processamento na mistura.

Para pós muito finos, que normalmente não escoam, uma técnica de mistura e que também envolve aglomeração pode ser empregada. Isso acontece, por exemplo, no caso de metal duro e ferritas (ímãs de ferrite), dois casos em que há a necessidade de se utilizarem pós muito finos e que usam matérias-primas com tamanho médio de partícula de aproximadamente 1 μm. Dois dispositivos clássicos de aglomeração podem ser empregados: prato ou *spray-drying*.

No caso do prato (Figura 4.6a), o pó, com um líquido que contém aglomerante, alimenta a cavidade polida de um prato metálico inclinado e em rotação. A quantidade de líquido é corrigida durante a rotação, experimentalmente, já que o solvente do aglomerante vai evaporando. Os grânulos formados vão sendo, então, classificados e removidos. Existe uma grande variedade de modelos, geralmente voltados para o segmento onde será usado, como na indústria de cerâmica ou em fármacos. A Figura 4.6b apresenta a foto de um modelo simples.

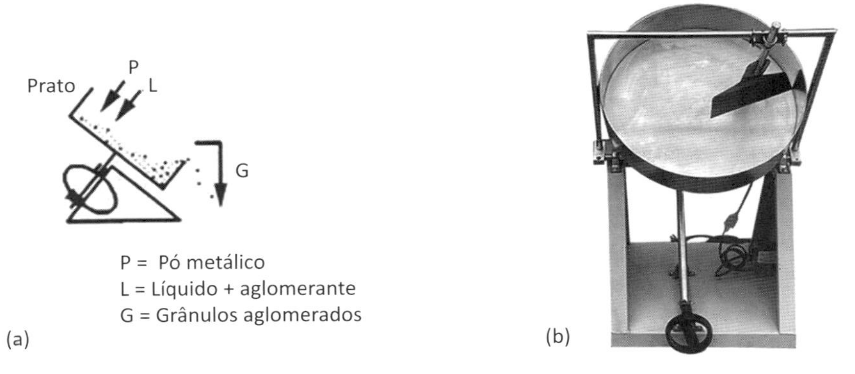

Figura 4.6 Processo de aglomeração em prato (a) e foto de equipamento típico (b).

No processo de secagem por *spray-drying* (que alguns chamam de *atomização*), uma suspensão contendo o pó a ser aglomerado é seca em um "bico" em condições específicas. A Figura 4. 7 ilustra o processo: 4.7a apresenta o detalhe de um bico (bocal rotativo) que pode ser utilizado; 4.7b e 4.7c, aglomerados de metal duro, contendo partículas de carboneto de tungstênio e cobalto. Metal duro aglomerado é encontrado comercialmente e, como está pronto para compactação, é conhecido como pó *ready-to-press*. Nesse caso, para metal duro, a aglomeração melhora muito a escoabilidade e a possibilidade de compactados homogêneos. Em 4.7a vemos que uma suspensão contendo o pó que se deseja aglomerar, aglomerante e alguns agentes para dar estabilidade à suspensão, alimenta um bico em rotação, como ilustrado em 4.7b. Esse bocal recebe concomitantemente ar aquecido, promovendo um spray composto por aglomerados que vão secando durante o voo, dando origem aos grânulos, como apresentado em 4.7c. Das variáveis envolvidas no processo de secagem por spray, três são mais relevantes: a concentração de sólido da suspensão, a rotação do bico e a exaustão.

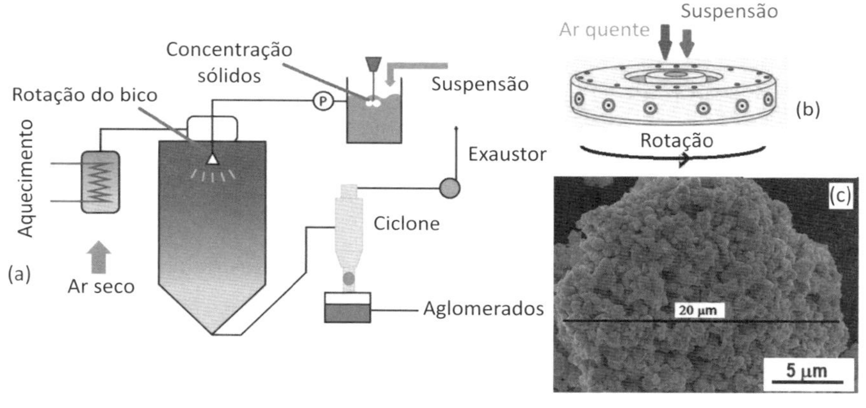

Figura 4.7 Ilustração para o processo de secagem (*spray-drying*) (a), detatalhe do bico (b) e imagem de microscopia eletrônica de varredura (c) para aglomerado de metal duro (WC-Co) obtido por esse processo de secagem.

A Figura 4.8 apresenta a foto de um equipamento para produção-piloto. O uso de processos de secagem por spray é mais popular para pós cerâmicos, já que estes possuem baixa escoabilidade, por serem normalmente muito finos, e de baixa compressibilidade, necessitando de aglomerante. Diversas outras áreas usam secagem por spray, como em fármacos e na indústria alimentícia (na produção de leite em pó, por exemplo).

Tendo sido produzida a mistura, considerando-se as peculiaridades dos pós, passemos para os processos de conformação que serão empregados, para que tenhamos, então, a etapa final de consolidação, que, normalmente, envolve temperatura.

Figura 4.8 Equipamento de secagem (*spray-drying*) para produção-piloto.

4.2 COMPACTAÇÃO UNIAXIAL A FRIO

A compactação uniaxial a frio é, certamente, o processo mais consagrado para conformação de pós metálicos, principalmente se for necessária alta produtividade, como na demandada pelo setor automotivo. Esse processo pode, numa primeira aproximação, ser entendido como o ilustrado na Figura 4.9. Uma quantidade definida de pó alimenta a cavidade de uma ferramenta de compactação (matriz), e é, então, comprimida pelo movimento axial (eixo vertical) de punções. Há, portanto, uma redução do volume ocupado inicialmente pelo pó e, naturalmente, o pó oferece uma certa resistência, proporcional à pressão necessária para que o punção (ou os punções) continue avançando. O volume que alimenta a cavidade da ferramenta de compactação (matriz) depende da densidade aparente do pó, conhecida previamente. A resistência à compressão é uma propriedade que depende de diversos fatores, mas, em última instância das propriedades mecânicas das partículas, como do limite de escoamento. Durante a compressão de pós metálicos ocorre, inicialmente, deformação elástica, e, a partir do limite elástico, deformação plástica. Ambas devem ser consideradas e afetarão as propriedades do compactado, inclusive no que se refere à precisão dimensional.

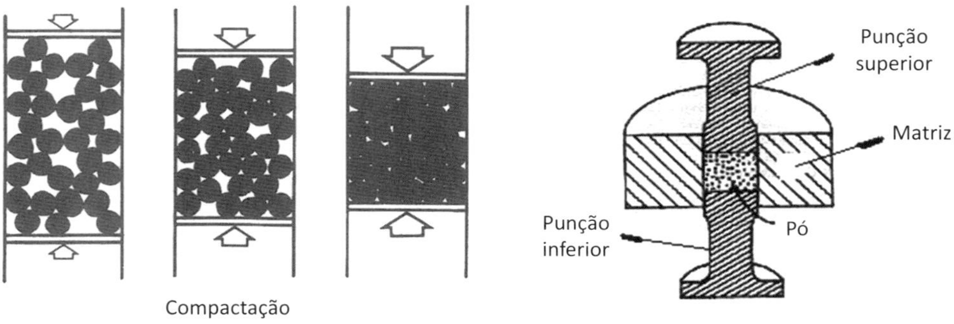

Figura 4.9 Ilustração de compactação uniaxial a frio.

Uma visão mais dinâmica e mais próxima da industrial, do processo de compactação, é apresentada na Figura 4.10. No início, temos o punção superior afastado, dando espaço para que o alimentador (sapata) se movimente e possa preencher a cavidade da ferramenta. O punção inferior está posicionado de modo a definir um volume adequado. O enchimento se dá pelo movimento da sapata. Com a sapata retraída, temos o início da compressão, pelo movimento de pelo menos um punção. O final da compressão define a altura final da peça e deve respeitar um limite de pressão, disponível na prensa e capaz de ser suportado pela ferramenta. A ejeção se dá pela retração do punção superior e do avanço do inferior. Com a remoção do compactado, o ciclo pode recomeçar.

Os movimentos dos punções devem estar perfeitamente sincronizados com o movimento do alimentador de pó (sapata). A velocidade da sapata deve levar em consideração a escoabilidade do pó. Movimentos de vibração da sapata, bem como o movimento descendente do punção inferior durante a alimentação, facilitam o preenchimento da cavidade da matriz. A posição de parada do punção inferior define o volume de pó da cavidade, e, conhecendo-se a densidade aparente, a massa do compactado estará definida. A posição do punção superior, no final da compactação, define a espessura (altura) do compactado. As posições dos punções definem a densidade a verde. A ejeção do compactado da cavidade da matriz é feita pelo punção inferior, e o desejável é que a força de extração seja a menor possível. Por conta disso, é usual adicionarem-se pequenas quantidades de lubrificantes sólidos à mistura. A retirada do compactado é feita pela própria sapata, que, na mesma operação, alimenta novamente a cavidade da ferramenta de compactação. A velocidade de compactação dependerá de vários aspectos, mas é de se esperar várias "batidas" por minuto.

Existem outras configurações para compactação uniaxial. Se não tivermos disponível um sistema hidráulico inferior, sendo a prensa hidráulica, podemos ter o corpo da ferramenta sustentado por molas, e o hidráulico superior faria toda a movimentação, empurrando o corpo da matriz para ejeção da peça.

Prensas hidráulicas e mecânicas (com excêntrico) podem ser usadas em compactação uniaxial a frio. Como já mencionado, a capacidade da prensa depende do tamanho da peça a ser compactada, mais especificamente da área projetada, perpendicular ao movimento do punção. É comum o uso de prensas de 100 a 200 toneladas. Prensas até 1.000 toneladas são utilizadas industrialmente, mas é a exceção.

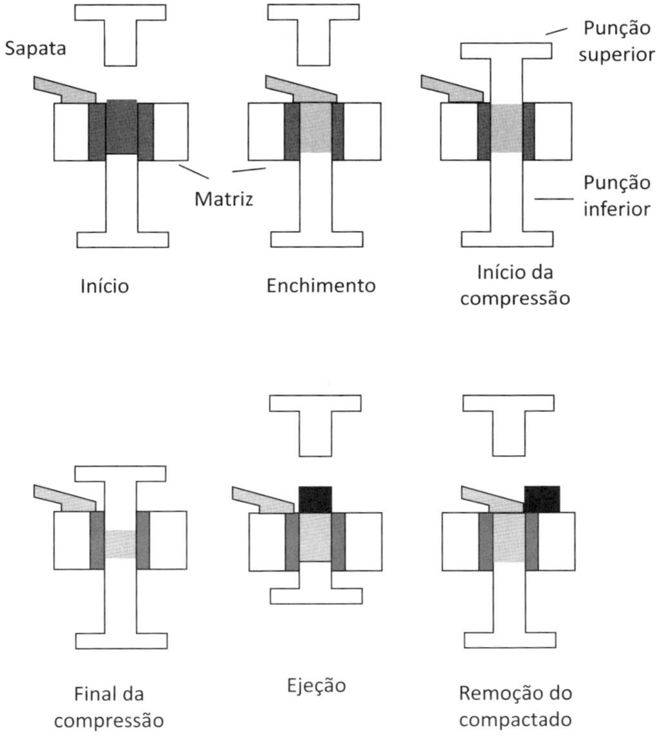

Figura 4.10 Preenchimento da cavidade da matriz pelo pó, movimentação dos punções e sapata durante compactação e extração do compactado (peça verde).

Durante a alimentação da cavidade com o pó, por meio da sapata, pontes formadas por aglomerados de partículas podem dificultar o preenchimento, especialmente quando a cavidade é estreita, se comparada com a altura da "câmara de pó". A Figura 4.11 ilustra essas possíveis pontes. Esse fenômeno pode ocasionar defeitos no sinterizado, como porosidades, o que pode comprometer o desempenho deste. Aprimoramentos no preenchimento podem ser obtidos melhorando-se a lubrificação, a mistura, ou mesmo lançando-se mão de artifícios como a vibração da sapata sobre a câmara de pó (cavidade da matriz).

Dependendo do pó, o uso de aglomerantes, como o álcool polivinílico (PVA), pode reduzir defeitos de compactação, como o da Figura 4.11. Esse tipo de defeito é mais comum em pós que apresentam pouca deformação plástica, como os para materiais cerâmicos, de um modo geral, e também no caso de metal duro, que possui grande concentração de carbonetos. Nesses casos, a pressão de compactação costuma ser relativamente baixa, e, como a escoabilidade do pó também não é muito boa, podemos ter o surgimento dessas pontes. Pós finos que escoam mal e que ainda não apresentem boa deformação plástica devem ser aglomerados, como discutido anteriormente.

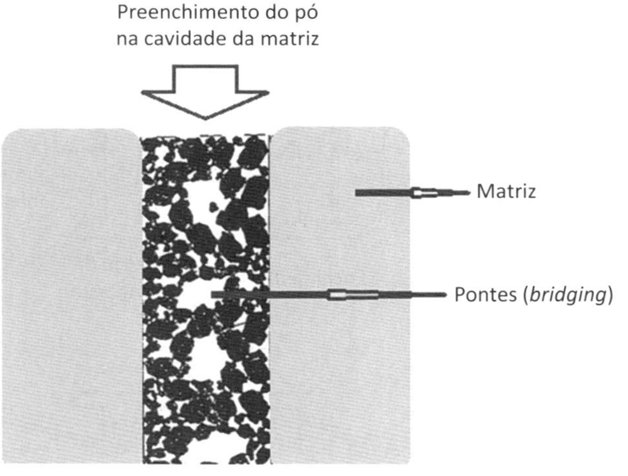

Figura 4.11 Pontes que podem ser formadas na alimentação da matriz.

Como já mencionado, uma consideração a ser feita na compactação uniaxial é quanto à força de extração necessária para ejetar a peça verde. Depois de compactada, a peça deve ser extraída da matriz, normalmente pelo punção inferior, e, nesse momento, tanto o atrito estático como o dinâmico exercem influência. A Figura 4.12 ilustra a questão do atrito durante a extração. Em 4.12a, é possível diferenciar o atrito dinâmico do estático, durante a extração de um compactado. No início da extração, observa-se um pico para a força necessária, para colocar o punção inferior em movimento (atrito estático); mas, depois disso, um patamar se estabelece, atrito dinâmico. Na Figura 4.12b, é possível verificar o efeito da adição de lubrificante na força de extração. Existem vários tipos de lubrificantes sólidos, e muitos deles são ceras. Eles reduzem tanto o atrito com a ferramenta de compactação como o atrito entre partículas, reduzindo muito a força de extração. Dessa forma, minimiza-se a incidência de defeitos na peça verde e aumenta-se a vida da ferramenta de compactação.

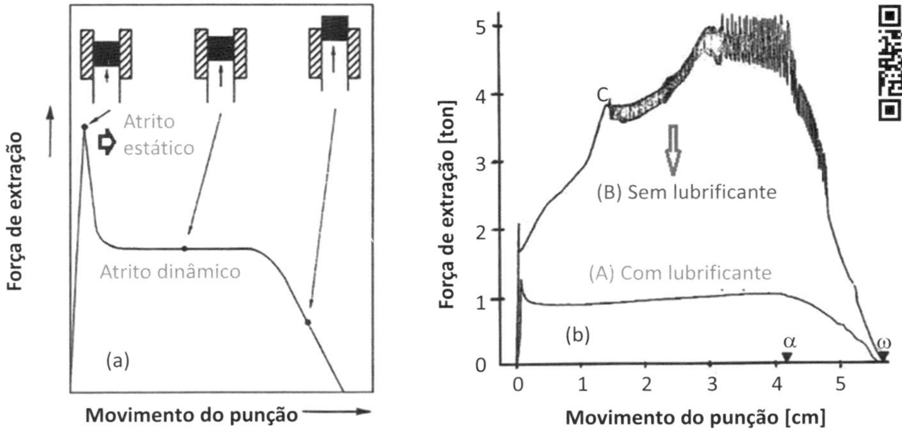

Figura 4.12 Força de atrito em função do movimento ascendente do punção inferior durante a extração (a). Força de extração com e sem lubrificante (b).

Em termos de microestrutura, um pó metálico compactado tem um aspecto como o apresentado na Figura 4.13, que mostra uma fratura (a) e uma seção polida (b) para um pó como compactado, amostra verde. A aproximação e a interação entre as partículas evidencia densificação na compressão. Pode-se atingir uma razão de compressão da ordem de 3, ou seja, um pó com densidade aparente de 2 g/cm^3 pode chegar a uma densidade a verde de 6,0 g/cm^3. Na Figura 4.13b, seção polida de amostra verde, fica claro que as partículas menores tendem a ocupar os interstícios criados pelas maiores. É de se esperar uma acentuada deformação plástica durante a compactação de pós metálicos, embora uma pequena fração da deformação possa ser elástica, recuperada durante o procedimento de extração. Fica clara também a presença de um vão entre as partículas, ou seja, não há interação metalúrgica (difusão volumétrica) entre as partículas, por mais próximas que estejam uma das outras. Essa interação e a consequente formação de pescoço entre as partículas só ocorrem com o aquecimento, que propicia difusão entre partículas, como veremos mais adiante na sinterização.

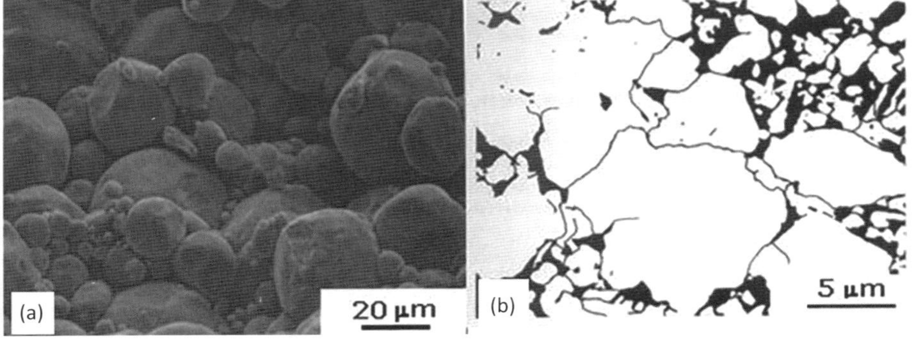

Figura 4.13 Microestrutura típica de material compactado. Fratura (a) e seção polida (b).

Devido aos atritos decorrentes da compactação, observa-se um gradiente de densidade ao longo da altura da peça. Se o punção móvel é apenas o superior, é comum dizer que existe uma zona neutra, de baixa densidade, próxima à superfície do punção inferior. Para minimizar esse gradiente de densidade, é prática comum projetar ferramentas e utilizar prensas que, ou tenham movimento dos dois punções, ou simulem isto por meio de matrizes flutuantes, como exemplificado na Figura 4.14. Em 4.14a, só o punção superior tem movimento descendente, e, desta forma, devido a uma "perda de carga" decorrente dos atritos em partículas, e destas com a ferramenta de compactação, a força efetiva na parte inferior da peça é menor, conferindo uma força menor que a densidade local. Grandes diferenças de densidade a verde em uma mesma peça poderão causar defeitos, ou mesmo distorções no produto sinterizado. Em 4.14b, observa-se a matriz apoiada em molas, e, quando o punção superior desce, arrasta a matriz, promovendo um movimento relativo do punção inferior. Esse artifício desloca a zona neutra para uma região mais próxima do centro da peça, reduzindo o gradiente de densidade.

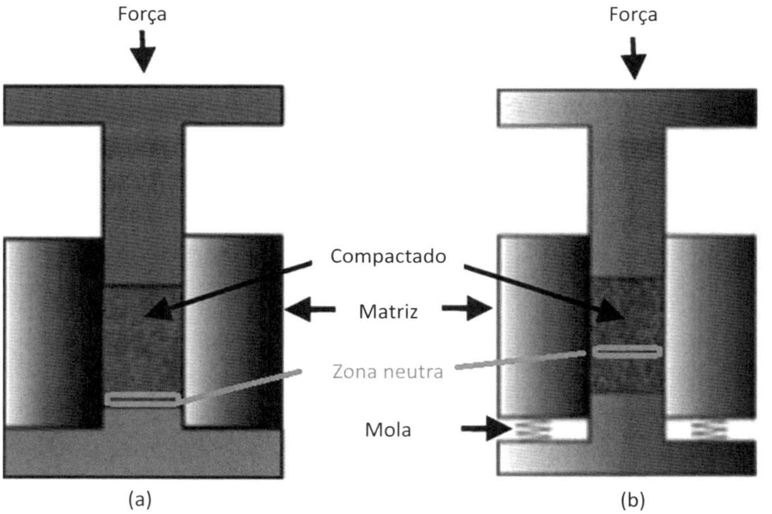

Figura 4.14 Compactação com movimentação apenas do punção superior, matriz estacionária (a) e com matriz flutuante (b).

O correto posicionamento da zona neutra é particularmente importante para peças delgadas e altas, sendo ainda mais importante quando a peça possui paredes muito finas. O desejável é que a razão entre altura e área (de compactação) seja tão elevada quanto possível. Peças feitas por compactação uniaxial são normalmente baixas, como engrenagens. Em casos extremos, a alternativa reside na utilização de pós que propiciem maior resistência a verde, como é o caso dos pós reduzidos, que, por possuírem forma mais irregular, promovem maior interação, intertravamento, entre as partículas do compactado.

A Figura 4.15 ilustra a compactação com dupla ação e o posicionamento da zona neutra mais para o meio da altura. Dessa forma, a compactação se dá tanto de cima para baixo como de baixo para cima. A Figura 4.15a ilustra, do lado esquerdo, o enchimento da ferramenta e, do lado direito, a compactação uniaxial com dupla-ação. Na Figura 4.15b, fica mais claro o posicionamento da zona neutra na meia altura.

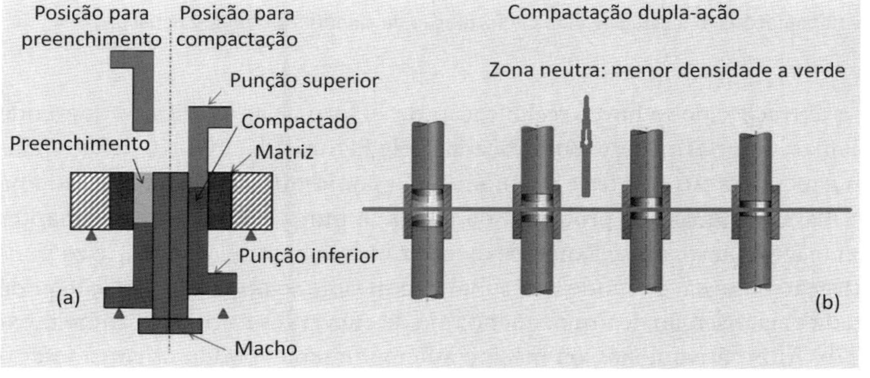

Figura 4.15 Compactação com dupla-ação (a), com zona neutra na meia altura (b).

Para a compactação uniaxial de peças com maior grau de complexidade, como cilindros vazados, a compactação deve ser efetuada em estágios, como ilustrado na Figura 4.16. Em 4.16a, vemos uma ferramenta para compactação de um cilindro vazado (bucha) com todos os seus componentes. Em 4.16b, vemos os estágios para a produção de uma peça verde. Inicialmente, estágio zero, o punção inferior é posicionado para definir a altura da câmara de pó. O primeiro estágio é a alimentação, realizada com a movimentação da sapata que se posiciona sobre a câmara de pó. O segundo estágio é a saída da sapata da frente do punção superior que se posiciona para a compressão. O terceiro estágio é a compressão propriamente dita, por meio do movimento apenas, nesse caso, do punção superior. O quarto estágio é o alívio da pressão, com a subida do punção superior. No quinto e último estágio, a peça é extraída (ejetada) pelo punção inferior, e o ciclo pode recomeçar a partir do estágio 1.

No primeiro estágio, não há movimentação do macho, apenas alimentação do pó na cavidade da matriz (câmara de pó). A compressão do estágio 3 poderia ser realizada com dupla-ação, ou seja, com movimentação e compressão do punção inferior. No último estágio, estágio 5, a sapata executará duas operações: a retirada da peça da mesa de compactação e a nova alimentação da cavidade.

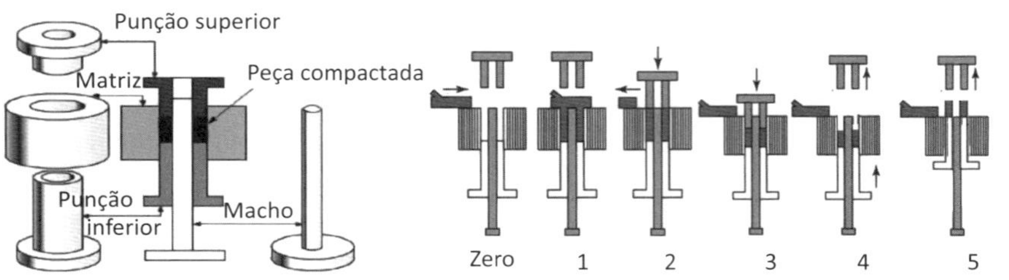

Figura 4.16 Compactação em 5 estágios para conformação de cilindros vazados (buchas).

Durante a extração, pode haver restauração da deformação elástica, o que pode causar problemas, como trincas, exemplificadas pela Figura 4.17a. Outro defeito relacionado com a recuperação elástica é o denominado por laminação, exemplificado na Figura 4.17b. Para minimizar o problema da trinca, o punção superior deve manter pressão durante a extração, ou seja, não deve haver movimento relativo entre os punções até a extração da peça, de modo que subam ao mesmo tempo. A laminação pode ser minimizada pela inserção de um pequeno raio de curvatura na matriz, como mostrado em 4.17b. Alternativamente, ou mesmo adicionalmente, podemos considerar o uso de aglomerantes, o que "alivia" a recuperação elástica.

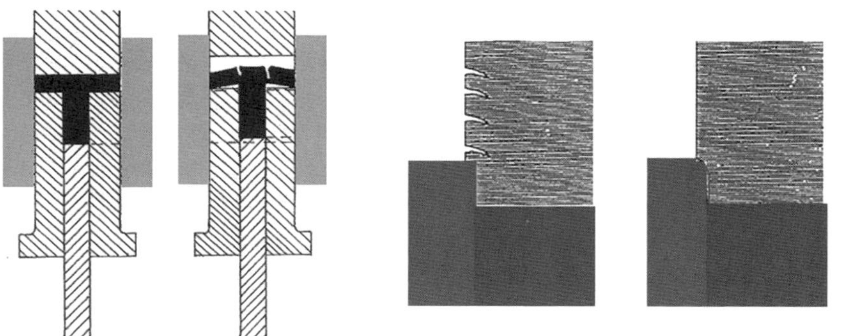

(a) (b)

Figura 4.17 Restauração de deformação elástica durante extração (a), causando trincas (b).

Um exemplo de ferramenta para compactação de peça com grau de complexidade ainda maior é ilustrado na Figura 4.1.8. Nesse caso, a peça tem flange e furo cego, e até oito etapas de compactação podem ser necessárias, conforme ilustra a Figura 4.18, de a até h. Para isso, há a necessidade de dois sistemas hidráulicos independentes, tanto para movimento do punção superior como do inferior. Em (a) e (b), temos a alimentação da cavidade com pó metálico e os posicionamentos dos punções e machos, sem aplicação, nestas etapas, de força. Já em (c) e (d), a movimentação dos punções é acompanhada de densificação, exercendo pressões. De (e) até (h), podemos observar etapas relativas à ejeção da peça.

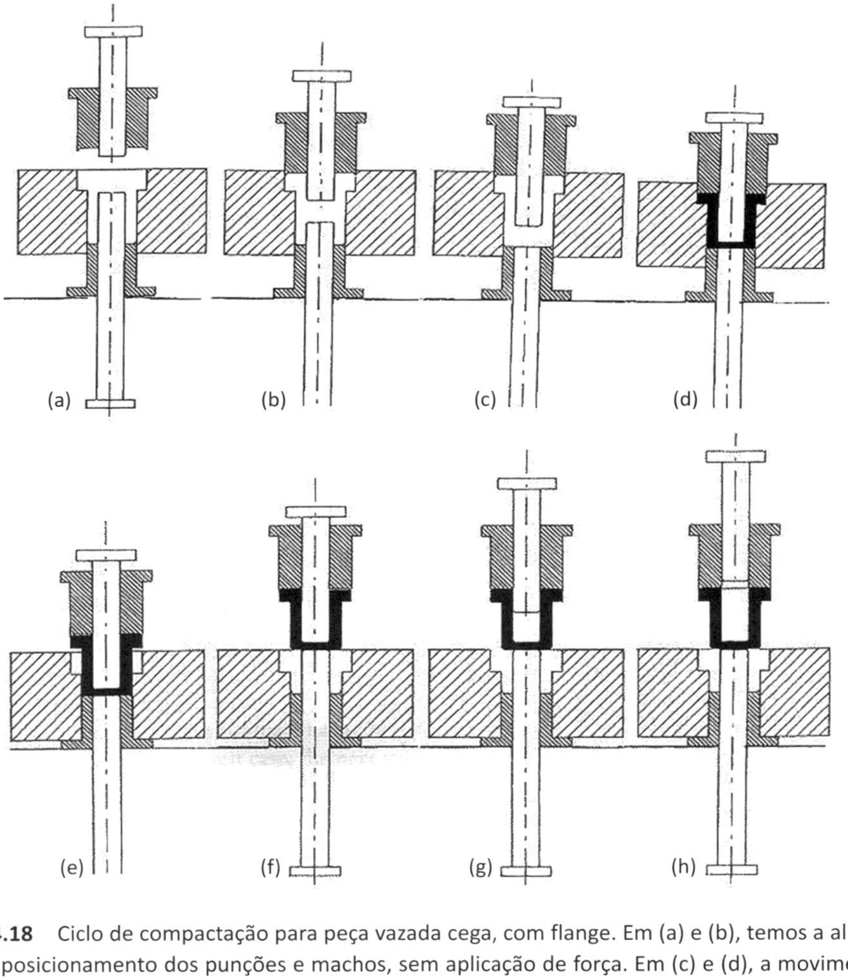

Figura 4.18 Ciclo de compactação para peça vazada cega, com flange. Em (a) e (b), temos a alimentação e o posicionamento dos punções e machos, sem aplicação de força. Em (c) e (d), a movimentação dos punções é acompanhada de densificação. De (e) até (h) vemos etapas relativas à extração da peça.

Modelos para compactação de pós vêm sendo usados mais recentemente. A previsão quanto à variação da densidade ponto a ponto em uma peça verde, considerando-se o efeito de variáveis de compactação, não é recente; e, embora não muito populares, havia os chamados "mapas de densificação". Com elementos finitos e modelos mais recentes e aderentes, tudo ficou mais fácil, como pode ser visto na Figura 4.19. Podemos ver um croqui para a ferramenta de compactação, em 4.19a, as malhas para elementos finitos, em 4.19b, e uma previsão para fração de poros, na forma de "mapa de calor" em 4.19c.

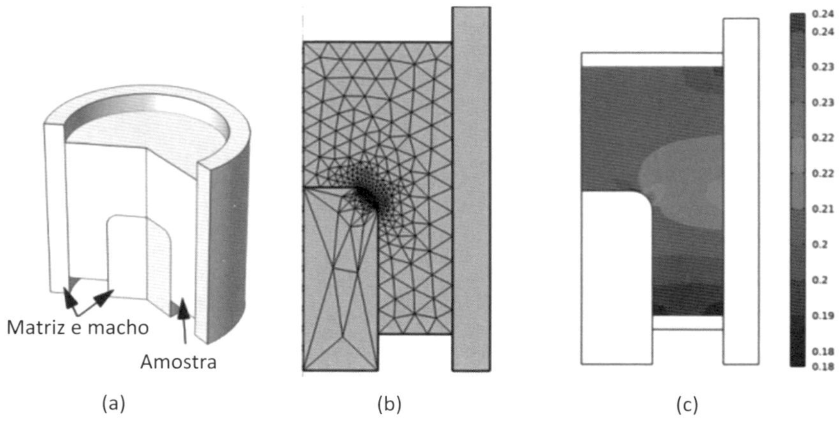

Figura 4.19 Modelamento quanto à densificação para uma amostra compactada. Imagem da ferramenta (a), das malhas de elementos finitos (b), e estimativa quanto à variação da porosidade, ou fração de poros, em (c).

4.3 COMPACTAÇÃO ISOSTÁTICA

Até o momento, fizemos referência às compactações uniaxiais para nos referirmos àquelas para as quais a compressão se dá em um único eixo, perpendicular à superfície sujeita a uma força. Adicionamos o termo "a frio" para diferenciar de processos que veremos adiante, para os quais pressão e temperatura atuam conjuntamente. Diferentemente da compactação uniaxial, na compactação isostática a frio, conforme ilustrado na Figura 4.20a, o pó é colocado num recipiente de borracha (*bag* ou mangote), que é, então, selado. O recipiente mergulha em um fluido no interior de um vaso de pressão. O fluido (geralmente óleo solúvel) é comprimido, transferindo pressão para o pó, por meio da *bag* flexível. Pressões de 100 a 400 MPa são usuais. A Figura 4.20b ilustra a transferência de pressão por meio da *bag*, e todo o cuidado deve ser tomado para que o fluido não entre em contato com o pó. É uma técnica utilizada para pós de baixa compressibilidade, como no caso de materiais cerâmicos e intermetálicos, e visa, normalmente, à obtenção de pré-formas, à obtenção de pré-formas, que podem ser, inclusive, torneadas previamente á sinterização. Apesar de incomum, a compactação isostática a frio também é aplicada a materiais metálicos. Diversos materiais podem ser usados como *bag*, por exemplo o poliuretano e o silicone. A *bag* deve ser flexível, de modo a transferir a pressão do fluido para o pó, e dever ser suficientemente resistente para não romper durante o processo, e deve ter uma dureza suficiente para minimizar a interação do pó com a superfície da *bag*.

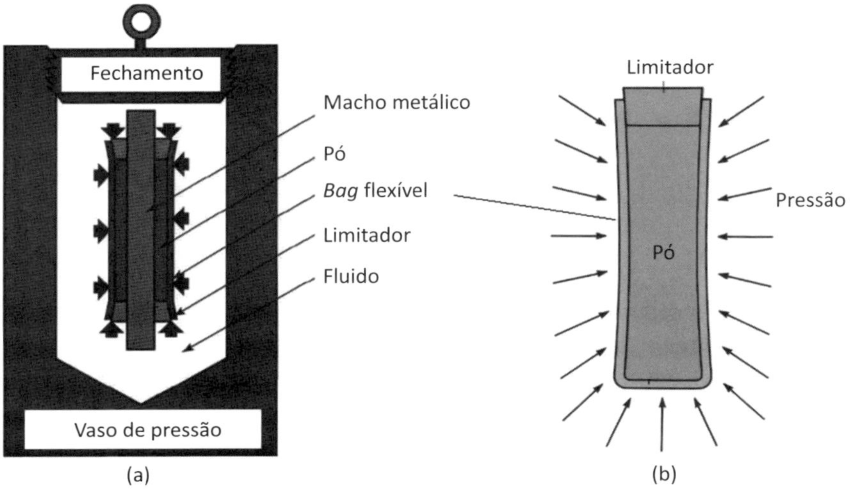

Figura 4.20 Esquema para compactação isostática a frio (*wet bag*). Em (a) vemos uma ilustração do processo, e em (b) detalhes quanto à compressão.

A Figura 4.21 apresenta a foto de um equipamento de pequeno porte. O que define a capacidade da prensa isostática são o volume do vaso de pressão e a capacidade máxima de pressurização. Filtros metálicos, na forma de tubos sem costura, são produzidos exclusivamente por essa técnica.

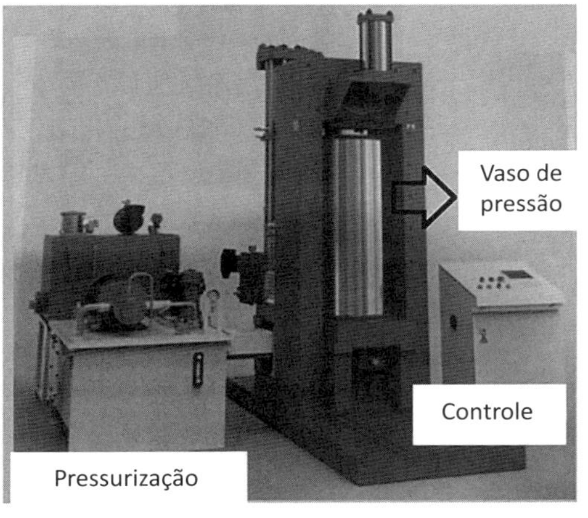

Figura 4.21 Imagem de equipamento para compactação isostática a frio.

É comum se fazer a separação do processo de compactação isostática a frio (CIP, do inglês *cold isostatic pressing*) em duas classes, *wet bag* e *dry bag*. O processo apresentado na Figura 4.20 se refere ao *wet bag*, que é um processo por batelada e que não se caracteriza pela alta produtividade.

A Figura 4.22 ilustra o processo *dry bag*, que é contínuo e com elevada capacidade de produção. Nesse processo, a *bag* pode ser alimentada continuamente, e um punção superior funciona como vedação. As etapas são as mesmas da *wet bag*, ou seja, preenchimento da *bag* com o pó, compactação hidrostática pela transferência da pressão do fluido através da *bag*, alívio da pressão e extração da peça. Os isoladores das velas automotivas, produzidas em larga escala, são fabricados por compactação isostática a frio (CIP), sendo a matéria-prima grânulos de alumina produzidos por secagem em spray (*spray-drying*). Dessa forma, temos compactados com boa resistência mecânica, podendo ser transportados até a sinterização.

O processo de compactação isostática a frio pode ser empregado para a produção de pré-formas, que podem, então, ser torneadas, retificadas e furadas, no estado verde (como compactadas), para então serem sinterizadas.

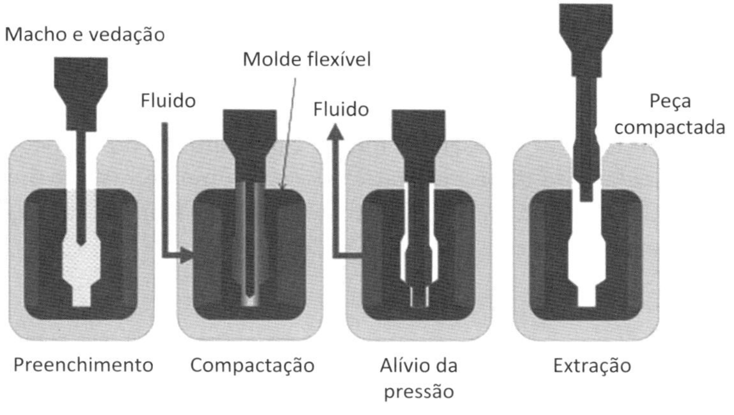

Figura 4.22 Esquema para compactação isostática a frio (*dry bag*).

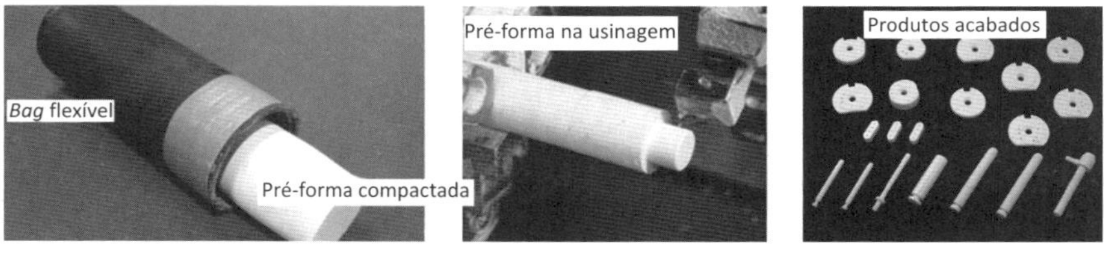

Figura 4.23 Produção de pré-formas por compactação isostática a frio, para serem trabalhadas mecanicamente, de modo prévio à sinterização.

Apresentaremos a seguir, muito resumidamente, alguns processos para conformação de pós muito particulares, como forjamento, extrusão e conformação a quente.

4.4 FORJAMENTO

O forjamento pode ser aplicado diretamente ao pó, ou mesmo a um compactado, porém, apresentaremos aqui o caso em que é aplicado em peças sinterizadas, tanto para a obtenção de pré-formas como para a de produtos acabados de alta densidade. O fluxograma apresentado na Figura 4.24 ilustra o processo. O sinterizado, com uma densidade relativa da ordem de 90%, é reaquecido sob atmosfera protetora e, então, forjado, como se fosse em "matriz-fechada", de modo que o produto tenha uma densidade próxima da teórica. Alguns produtos automotivos de alta responsabilidade são produzidos por sinter-forjamento, como a biela ilustrada na Figura 4.24. Peças forjadas possuem, de um modo geral, desempenho mecânico superior, com elevada resistência mecânica, boa ductilidade e bom desempenho quanto à fadiga. O forjamento a frio, ou calibração, é comumente empregado como operação complementar para acerto dimensional e fechamento de poros externos, mas não visa a densidades tão elevadas como as obtidas por sinter-forjamento. A pré-forma para forjamento pode, alternativamente, ser produzida por compactação isostática a frio, o que pode ser uma vantagem, em alguns casos, devido à homogeneidade em termos de densidade.

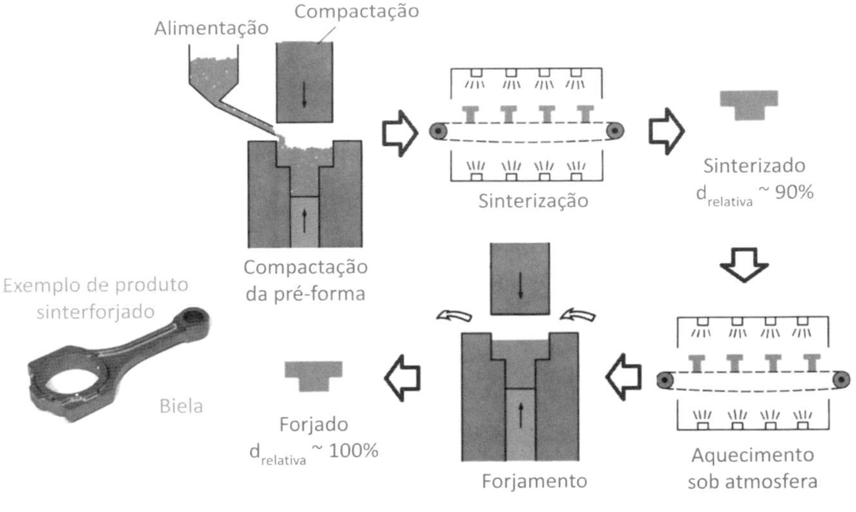

Figura 4.24 Fluxograma do forjamento de pós metálicos.

4.5 EXTRUSÃO DE PÓS

A extrusão de pós pode ser realizada conforme ilustra a Figura 4.25a no pó solto, ou nele encapsulado, como mostrado em 4.25b. O pó solto pode ser extrudado em ferramenta própria, e, dependendo do caso, aglutinantes são misturados ao pó para se viabilizar a extrusão e para se garantir boa resistência mecânica. Em 4.25b, o pó é encapsulado em uma caneca, que pode ser evacuada, de modo que a extrusão possa ser realizada a quente. É um processo usado em ligas de alumínio ou compósitos com matriz de alumínio, que são endurecidos pela presença de uma segunda fase exógena, ou seja, misturados ao pó a ser extrudado. O produto final é um composto, de matriz metálica, ou um compósito.

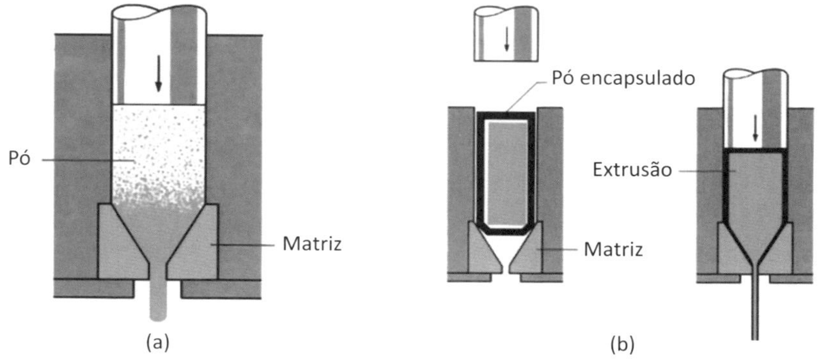

Figura 4.25 Detalhe de extrusão de pó (a), e de encapsulamento contendo o pó (b).

4.6 COMPACTAÇÃO A QUENTE: UNIAXIAL, ISOSTÁTICA (HIP) E *SPARK PLASMA SINTERING* (SPS)

A compactação a quente pode ser uniaxial, isostática (HIP, do inglês *hot isostatic pressing*) ou por descarga elétrica (SPS, do inglês *spark plasma sintering*). Em todos os casos, a combinação de pressão e temperatura permite a obtenção de materiais com densidade próxima de 100%. São rotas relativamente sofisticadas e têm sido utilizadas para a fabricação de ferramentas em aço rápido, combinando uma microestrutura adequada, homogeneidade na distribuição de finos carbonetos (possível apenas em produtos produzidos a partir de pós metálicos), com uma densidade superior em 99% à teórica, o que não pode ser atingido por processos convencionais de compactação e sinterização.

Na compactação uniaxial a quente (Figura 4.26), uma fonte de calor e uma proteção quanto à oxidação são integradas ao processo de compactação uniaxial a frio. Em 4.26a, vemos uma ilustração do processo, e em 4.26b, a foto de um equipamento. Embora conceitualmente simples, há limites e desafios do ponto de vista construtivo. A matriz, por exemplo, deve suportar temperatura e pressão, e a escolha do material construtivo adequado é o aspecto mais desafiador. Dependendo de questões operacionais e do material que se deseja produzir por conformação a quente, grafite é uma alternativa.

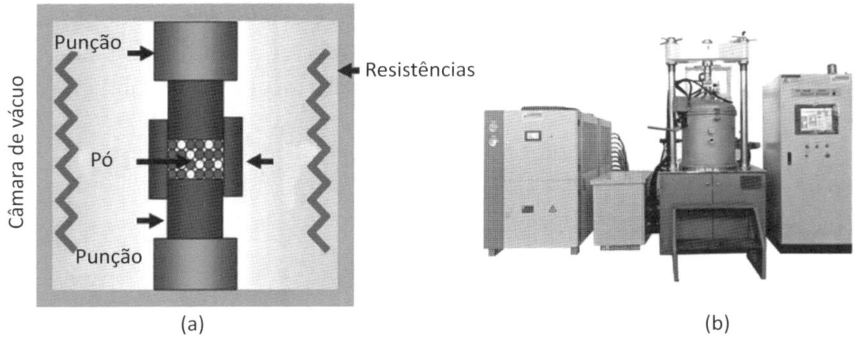

Figura 4.26 Esquema para compactação uniaxial a quente (a), e foto de um equipamento (b).

O processo de compactação isostática a quente (HIP) é hidrostático, como no CIP, porém, a pressão e o aquecimento são concomitantes. A Figura 4.27a ilustra o processo. O pó é colocado em um vaso de pressão, que pode ser aquecido. Normalmente, o pó é encapsulado de maneira adequada em um recipiente metálico (*can*), que transferirá a pressão ao pó, como a *bag*, no caso de CIP. A Figura 4.27b apresenta a foto de um equipamento para produção-piloto. Em vez de pó encapsulado, é comum o uso de HIP para densificação de produtos metálicos sinterizados ou mesmo obtidos por outros processos, como a fundição.

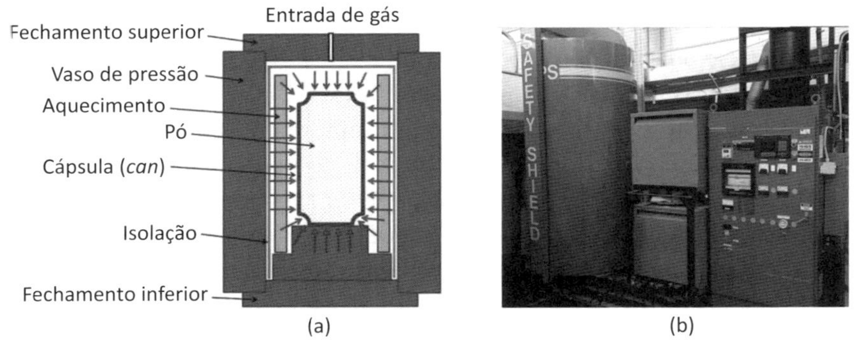

Figura 4.27 Esquema para compactação isostática a quente (a), e foto de um equipamento (b).

A Figura 4.28 ilustra um processo integrado que combina atomização a gás com compactação isostática a quente. Pó fino e de elevada pureza, atomizado a gás, alimenta um recipiente metálico (*can*), que é selado (encapsulamento/solda), compactado isostaticamente a quente e conformado (laminação). Esse processo vem sendo usado para produtos metálicos de desempenho mecânico muito elevado, sendo um produto obtido por metalurgia do pó que possui desempenho superior a um forjado, isso devido à microestrutura única obtida, em termos de tamanho de grão e distribuição dos finos carbonetos.

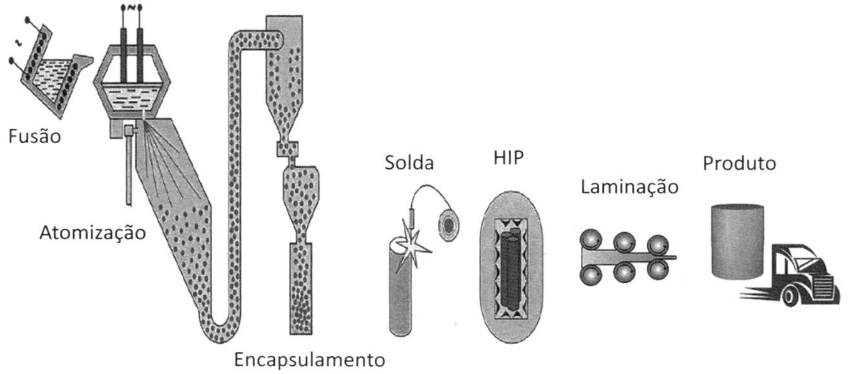

Figura 4.28 Esquema integrado para produção de barras e tarugos por atomização a gás e compactação isostática a quente.

A Figura 4.29 apresenta outro processo para conformação de pós a quente, o chamado *spark plasm sintering* (SPS). É utilizado para testar, no mínimo, conceitos, já que é capaz de produzir amostras de elevada densidade, mesmo de materiais de difícil compactação, com um ciclo térmico muito rápido, aquecimento e resfriamento, capaz de produzir microestruturas únicas. A compressão é uniaxial, como vemos em 4.29a, e uma corrente elétrica muito intensa atravessa longitudinalmente a ferramenta, normalmente em grafite, aquecendo o conjunto, o que inclui o pó que se encontra entre os punções. O ciclo de aquecimento e compressão pode ser ajustado segundo a conveniência do que se deseja produzir. A temperatura pode ser monitorada por meio de um termopar próximo à amostra. Evitar a interação da amostra com as superfícies da ferramenta é um problema a ser resolvido para cada sistema a ser compactado a quente. Em 4.29b, temos a foto de um equipamento. Não é um processo que se caracteriza pela produtividade.

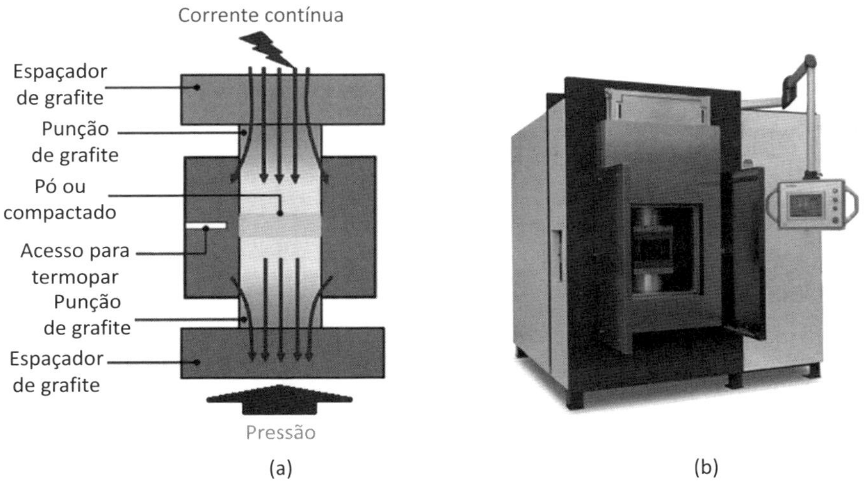

Figura 4.29 Esquema para compactação por SPS (a), e foto do equipamento (b).

4.7 MOLDAGEM DE PÓS POR INJEÇÃO

Uma técnica de fabricação bastante versátil, utilizada na produção de peças metálicas de geometria complexa, estreitas tolerâncias dimensionais e excelente acabamento superficial é a injeção de pós, ou moldagem de pós por injeção (MIM, do inglês *metal injection moulding*). Injeção de metais, quando estes são fundidos, não é recente e vem sendo empregada há muitos anos para a produção de componentes metálicos fabricados a partir de ligas de baixo ponto de fusão, como ligas de alumínio. O emprego da injeção para ligas ferrosas, da mesma forma que o alumínio, é uma aspiração metalúrgica difícil de ser alcançada, em função das altas temperaturas de fusão envolvidas, e praticamente impossível no caso dos intermetálicos e materiais cerâmicos.

A injeção de ligas ferrosas passou a ser possível no âmbito da metalurgia do pó, mais especificamente por meio do processo de conformação *near net shape*, a moldagem de pós por injeção (MPI), que pode ser considerada como um processo híbrido, que alia a capacidade da metalurgia do pó de permitir a consolidação sem fusão à liberdade geométrica do processo de injeção convencional, que vem sendo usado há décadas na conformação de termoplásticos.

Na MPI, o pó é misturado a um ligante (polímero base, constituintes de baixo peso molecular e aditivos) com o objetivo de conferir características de fluidez adequadas à injeção, de modo que o injetado tenha resistência mecânica suficiente para o manuseio. Para a obtenção da peça final, são necessárias basicamente duas outras etapas: a remoção do ligante e a sinterização. A Figura 4.30 apresenta exemplos de peças produzidas por MPI. Geralmente, são peças pequenas, com elevada complexidade de forma e orientadas para mercados de produtos metálicos mais "nobres".

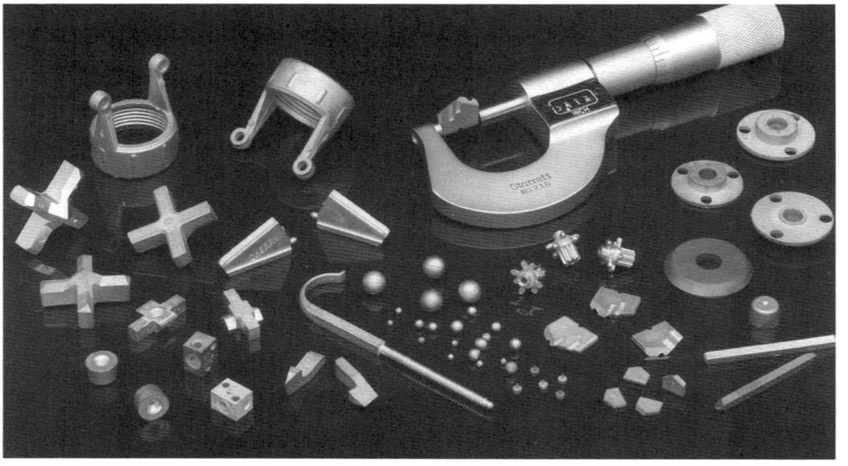

Figura 4.30 Exemplos de peças produzidas por MPI.

Na Figura 4.31, é apresentado um fluxograma ilustrativo do processo de injeção de pós metálicos. Dessa forma, é possível se obterem peças em aços inoxidáveis, por exemplo, com a mesma complexidade de forma com que seriam obtidas peças em termoplásticos de engenharia. Pós metálicos e aglomerantes são misturados e extrudados para a obtenção de uma matéria-prima adequada à injeção, o *feedstock*. A injeção é similar à empregada em termoplásticos, mas, como o atrito é maior, câmara e fuso devem ser revestidos com materiais resistentes ao desgaste. A peça injetada (verde) passa por processos de extração do aglomerante, *debinding*, e são várias as possibilidades, dependendo do tipo de aglomerante utilizado. A peça sem aglomerante (ou apenas com uma fração dele) é, então, sinterizada. Espera-se uma elevada contração na sinterização, porém, como a injeção é um processo preponderantemente hidrostático, a contração tende a ser isotrópica, o que facilita a obtenção do dimensional especificado para o produto.

Um dos pontos fundamentais desse processo é a matéria-prima metálica, composta de pós que devem possuir características físicas e químicas específicas e que possibilitem a produção de injetados livres de defeitos. Devem, adicionalmente, favorecer o processo de remoção do aglomerante e a densificação durante a sinterização, que é a etapa final de consolidação de toda peça metálica produzida por metalurgia do pó. A Figura 4.32 compara a condição microestrutural de um aço inoxidável como injetado com a observada após a etapa de remoção do aglomerante. É possível observar as partículas finas e arredondadas de aço inoxidável envolvidas pelo aglomerante (peça como injetada), que é removido na sequência (peça após *debinding*). Partículas finas, de elevada superfície específica, são indicadas para uma boa contração na sinterização, e o fato de serem arredondadas facilita um pouco a injeção.

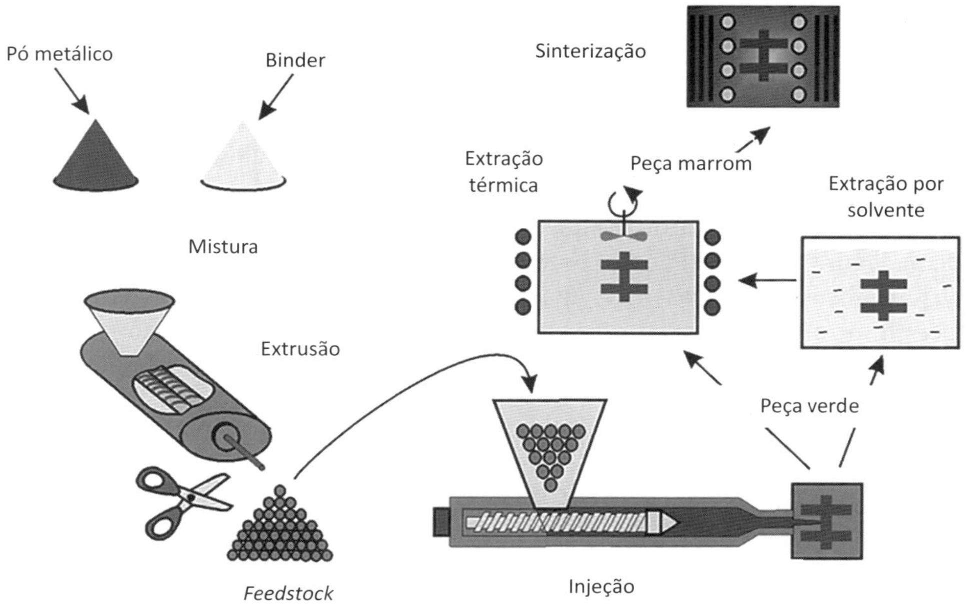

Figura 4.31 Etapas do processamento por moldagem de pós por injeção (MPI).

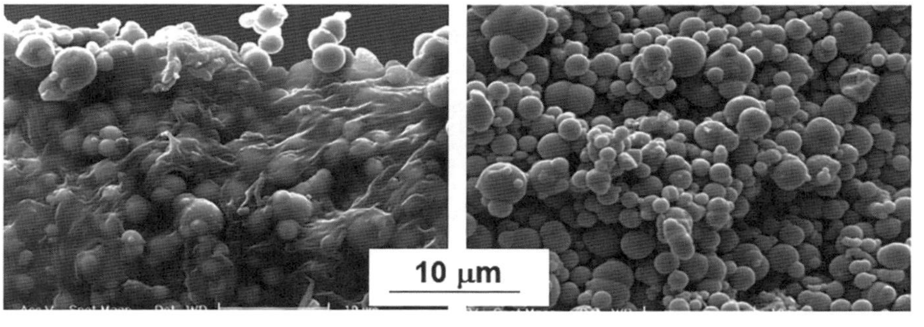

(a) Como injetado (b) Após *debinding*

Figura 4.32 Microestrutura após a injeção (a), e após remoção do aglomerante (b). Aço inoxidável.

Após a remoção do aglomerante, é realizada, como mencionado, a etapa de sinterização, que confere as características finais ao produto. A sinterização é realizada em temperaturas normalmente superiores às empregadas na M/P convencional (compactação e sinterização). Assim, um aço-carbono que normalmente é sinterizado a 1.120 °C, quando produzido por MPI requererá uma temperatura de sinterização da ordem de 1.250 °C.

O processo de MPI tem sua área de aplicação bem definida, mas, em algumas aplicações, concorre diretamente com processos, como a usinagem, a microfusão (fundição de precisão) e a própria metalurgia do pó convencional. Em geral, quando o componente a ser produzido apresenta uma geometria complexa, reduzido tamanho e o dever de ser produzido em grandes lotes, a MPI torna-se vantajosa do ponto de vista econômico, comparativamente aos demais processos de conformação. Um exemplo de peça de elevada complexidade que ilustra bem a potencialidade da MPI é apresentada na Figura 4.33. A MPI é um processo que pode ser aplicado a materiais particulados metálicos, cerâmicos ou compostos (metálicos e cerâmicos). Para simplificar o processo, o mercado oferece o produto granulado pronto para injeção (*feedstock*), para vários metais e ligas e para diversos cerâmicos de engenharia.

Figura 4.33 Turbina sinterizada produzida por MPI.

4.8 MANUFATURA ADITIVA: IMPRESSÃO 3D PARA METAIS

Incluímos aqui uma pequena introdução à impressão 3D para metais, processo de conformação de metais a partir de pó. Discutiremos o assunto com mais profundidade no Capítulo 6, "Manufatura aditiva para metais". A Figura 4.34 apresenta peças metálicas produzidas por manufatura aditiva. Assim como em MPI, é um processo voltado para produtos mais nobres e de elevada complexidade de forma, mas, que, diferentemente de qualquer outro processo, não precisa de ferramenta para conformação, como uma matriz para compactação ou forjamento, nem molde para injeção. Vê-se, na Figura 4.34, que a manufatura aditiva é um processo que se aplica à produção de uma turbina metálica, como também a trocadores de calor, com canais internos, impossíveis para outros processos de fabricação.

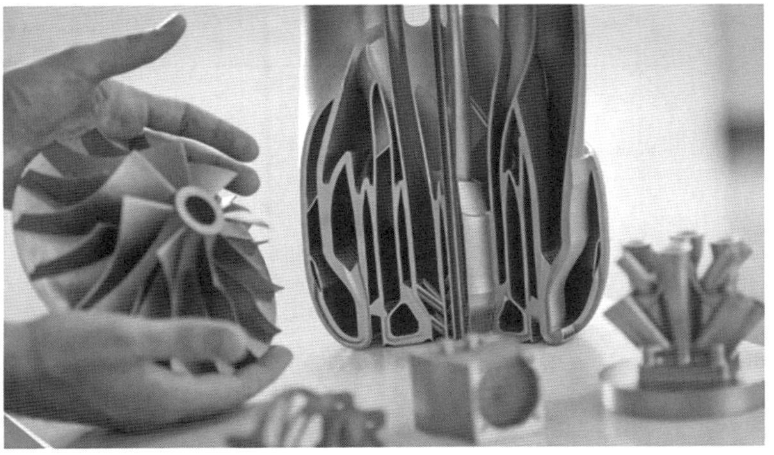

Figura 4.34 Peças produzidas por manufatura aditiva.

Existem vários processos de manufatura aditiva aplicada a metais e ligas. Podemos, genericamente, dividir o processo em duas grandes famílias: os processos diretos e os processos indiretos. Para os diretos, a peça sai tão pronta quanto possível na impressão, e invariavelmente o processo envolve fusão das partículas metálicas utilizadas como matéria-prima. Os processos indiretos se assemelham à MPI, sendo que o produto bruto de impressão passa por um processo de remoção de aglomerante (*debinding*) e sinterização, normalmente sem fase líquida.

A Figura 4.35 ilustra dois processos diretos: o *selective laser melting* (SLM), ou *laser-powder bed fusion* (L-PBF), e o *direct energy deposition* (DED). No SLM (Figura 4.35a), um feixe de laser constrói peças a partir de camadas sucessivas de pós metálicos, transferidas por um alimentador. Em 4.35b, vemos detalhes do mecanismo de construção de peças, considerando o movimento do feixe de laser, a fusão e a solidificação.

Já na deposição direta de energia, *direct energy deposition* (DED), o laser também pode ser empregado (Figura 4.35c), mas o pó é alimentado como se fosse em um processo de metalização. Esses processos se assemelham à soldagem. Técnicas de deposição direta de energia também podem usar feixe de elétrons como fonte de energia, conforme ilustrado na Figura 4.35d, e o metal pode ser adicionado na forma de pó, ou mesmo na forma de arame, também como se fosse um processo de soldagem.

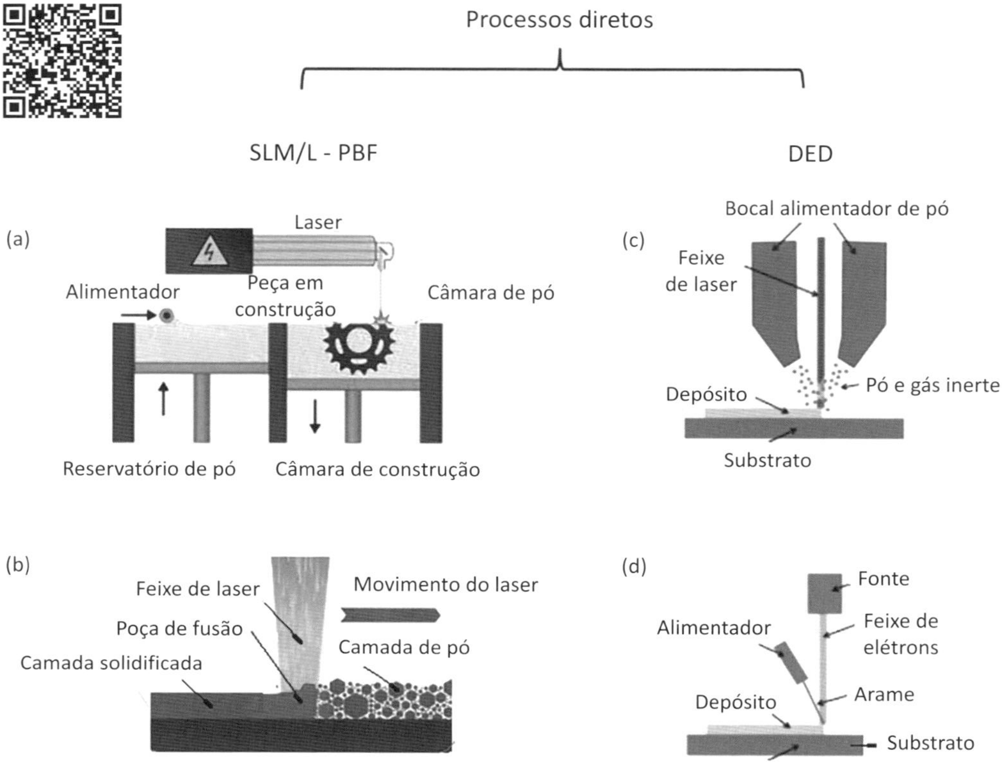

Figura 4.35 Processos diretos de manufatura aditiva, SLM (L-PBF) (a) (b) e DED, deposição direta, com laser (c), ou com feixe de elétrons (d).

Os processos indiretos de manufatura aditiva (Figura 4.36) podem ser tão simples como os que são usados para termoplástico, como o *fused deposition modeling* (FDM), ou *fused filament fabrication* (FFF), 4.36a, desde que tenhamos filamentos carregados em pós metálicos. Eles podem ser um pouco mais elaborados, como no *binder jet* (BJ) (Figura 4.36b), no qual camadas sucessivas de pó são aglomeradas por uma "cola" depositada por um cabeçote, similar à cabeça de uma impressora a jato de tinta. Como mencionado, o produto como impresso passa pelas etapas de *debinding* e sinterização.

Trataremos adiante, com alguma profundidade, da manufatura aditiva para metais, e aspectos como os colocados aqui nesta pequena introdução ficarão bem mais claros. A ideia foi apenas contextualizar a MA, considerando-se aspectos relacionados com metalurgia do pó, diante de outros processos de conformação.

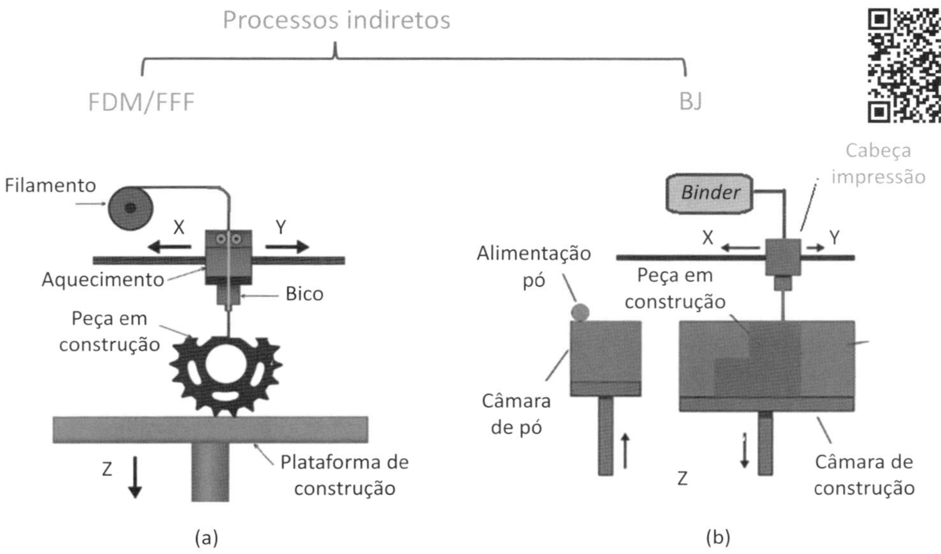

Figura 4.36 Processos indiretos de manufatura aditiva.

CAPÍTULO 5
Sinterização

Podemos definir a *sinterização* como um tratamento térmico aplicado a pós previamente conformados e que tem como objetivo a criação de vínculos metalúrgicos entre as partículas, propiciados pela interdifusão atômica. Tem como força motriz (*driving force*) gradientes químicos ou energias superficiais, ou seja, o sistema tende a uma menor energia livre reduzindo superfície específica ("coalescimento" das partículas) e, da mesma forma, tende a reduzir gradiente químico. Sendo um tratamento térmico, variáveis, como temperatura, tempo e atmosfera devem ser consideradas no ajuste da microestrutura e atendimento de propriedades e desempenho.

De todas as etapas envolvidas na conformação de pós metálicos, a sinterização é a responsável pela consolidação metalúrgica e é a que, em última instância, vai definir a microestrutura do produto. Tem impacto relevante nas propriedades e no desempenho dele. É na sinterização que todas as etapas anteriores serão "contabilizadas", evidenciando eventuais ajustes necessários nas etapas anteriores. A sinterização depende das características da mistura dos pós e da conformação destes, seja por compressão uniaxial a frio ou por qualquer outro processo que necessite de sinterização. Há a necessidade de se adequarem as variáveis da sinterização a essas operações prévias, considerando-se as características objetivas para o produto.

Como produtos metálicos sinterizados possuem diversas características e aplicações, a etapa de sinterização deve considerar essa diversidade. A temperatura de sinterização usada pode variar de aproximadamente 700 °C a temperaturas superiores até 1.500 °C, cobrindo um espectro que vai desde ligas de cobre até metal duro e metais refratários. Em muitos casos, é comum misturar pós com propriedades físicas e químicas muito diferentes, sendo a etapa de sinterização a responsável pela adequação da microestrutura.

De um modo geral, a sinterização se dá em uma temperatura abaixo da temperatura de fusão do principal constituinte. Em alguns casos, pequena fração de líquido pode estar presente, sendo até ser desejável. Dessa forma, divide-se a sinterização em duas classes: sinterização em fase líquida e sinterização no estado sólido. A sinterização em fase líquida ainda pode ser dividida em sinterização com fase líquida transiente e sinterização com fase líquida persistente. Na transiente, o líquido se forma, muda de composição química e solidifica-se, mesmo sem mudança de temperatura. Na sinterização em fase líquida persistente, há líquido durante todo o patamar da temperatura de sinterização, podendo haver dissolução parcial e rearranjo das partículas sólidas.

Procuramos, a seguir, apresentar alguns aspectos relacionados com mecanismos de sinterização, focando mais em questões fenomenológicas e qualitativas do que em possíveis quantificações.

5.1 MECANISMOS DE SINTERIZAÇÃO

Boa parte dos fundamentos e mecanismos empregados na interpretação da sinterização considera "sinterização no estado sólido" para um "sistema monofásico", como é o caso de metais puros ou de muitas ligas metálicas, como o aço inoxidável e o bronze. A Figura 5.1 apresenta micrografia eletrônica para microesferas de CoCrMo (*beads*) sinterizadas a 1.320 °C, sob vácuo. Trata-se de produto poroso usado no revestimento de implantes ortopédicos. Nesse caso, a ideia é obter-se uma estrutura na forma de esqueleto, na qual o osso possa crescer, conferindo boa integração. Ligas CoCrMo são biocompatíveis e monofásicas. É possível observar pescoços criados entre as partículas esféricas. Os diâmetros dos pescoços têm tamanhos muito próximos, já que se formaram de partículas *monosized*, ou seja, com distribuição granulométrica extremamente fechada. Há difusão atômica das partículas, superficial ou volumétrica, para a região do pescoço, e, no limite, duas partículas se transformarão em uma, conferindo menor superfície específica, razão entre superfície e volume, e consequentemente reduzindo energia do sistema.

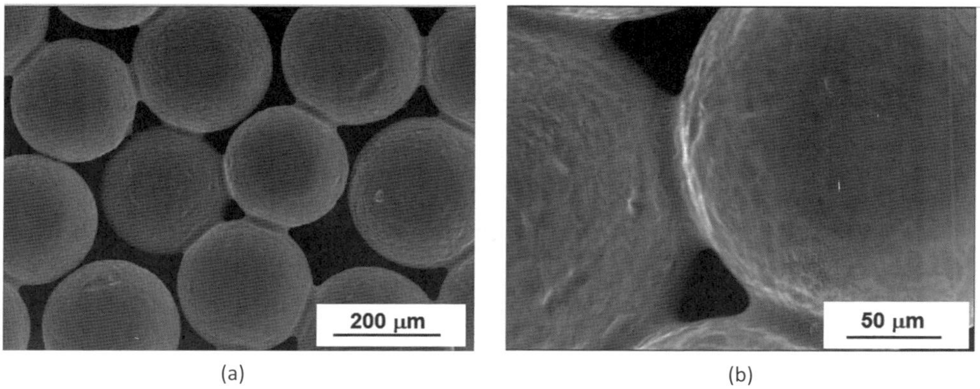

Figura 5.1 Pescoço formado entre partículas durante a sinterização de liga CoCrMo (a). Microscopia eletrônica de varredura (b).

A Figura 5.2 apresenta curva dilatométrica para a sinterização usada na amostra da Figura 5.1. Inicialmente, observa-se uma expansão térmica linear, ou seja, o $\Delta L/L_0$ cresce linearmente com a temperatura. Próximo da temperatura máxima empregada, 1.320 °C, observa-se o início da contração, e o $\Delta L/L_0$ começa a decrescer, em decorrência da formação de pescoços entre partículas, com aproximação entre elas. A figura também ilustra a contração, comparando ilustrativamente o volume da amostra verde com o da sinterizada.

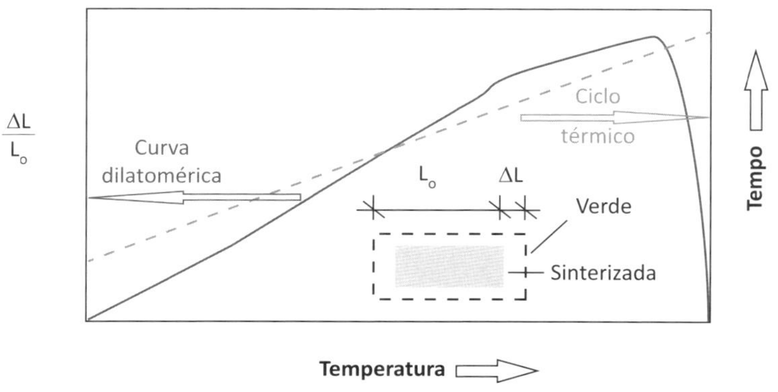

Figura 5.2 Variação dimensional em ensaio dilatométrico para pós levemente compactados de liga CoCrMo. Aquecimento a 20 °C/min., sob vácuo, até 1.320 °C.

O principal objetivo da sinterização é a consolidação mecânica, ou seja, o estabelecimento de uma resistência mecânica tal que viabilize um desempenho desejado. Isso decorre, normalmente, de uma "densificação", ou seja, da redução da porosidade pela ocupação do volume. O termo *poro* está mais ligado aos "vazios" presentes após a sinterização, já que são produtos de fenômenos interdifusivos. Muitos fenômenos podem ocorrer durante a sinterização, com resultados desejáveis e indesejáveis. As principais alterações na sinterização ocorrem:

- nas propriedades mecânicas, como resistência, módulo de elasticidade, dureza, tenacidade à fratura etc.;
- nas propriedades elétricas e magnéticas;
- nas propriedades físicas, como permeabilidade a fluidos;
- na microestrutura, como tamanho e forma dos grãos;
- na porosidade (forma e distribuição dos poros);
- no gradiente de composição química;
- na estrutura, como no parâmetro de rede.

A Figura 5.3 ilustra a evolução de algumas propriedades com a sinterização, considerando-se o tempo fixo e a temperatura variável. Densidade e porosidade evoluem inversamente. Resistência mecânica sobe até um certo ponto e, depois, começa a cair, já que pode haver crescimento de grão, um efeito colateral que pode ser desejável ou não. Resistividade elétrica (e campo coercivo nos materiais magnéticos) cai com a sinterização, ou seja, o material tende a ficar "mais condutor" e "mais permeável" magneticamente.

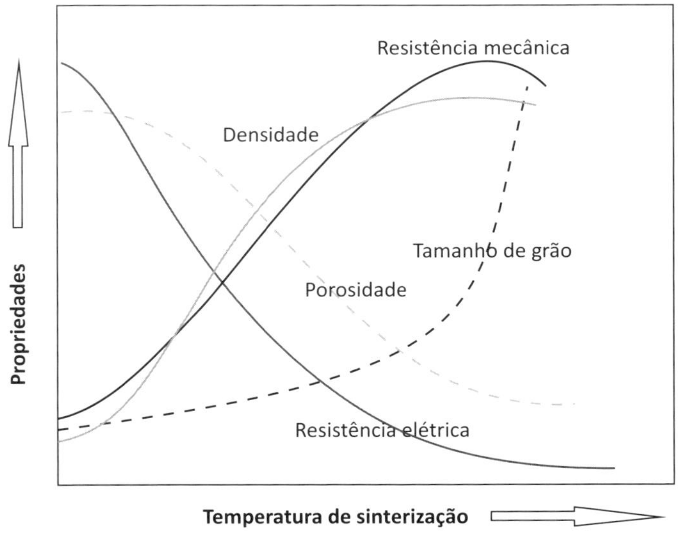

Figura 5.3 Evolução de algumas propriedades com a temperatura de sinterização.

Como são vários os fenômenos que ocorrem durante a sinterização, que dependem não só do ciclo (temperatura, tempo e atmosfera), mas do sistema (pós, compactação, aditivos etc.), apresentamos a seguir os principais eventos (fenômenos):

- difusão atômica e interação entre partículas que já pode ter se iniciado na operação anterior, de conformação;
- recristalização, crescimento de grão, arredondamento dos poros e redução da porosidade;
- coalescimento de partículas menores, presentes nos pós, ou mesmo geradas no processo de conformação;
- movimentação atômica (difusão) do interior das partículas em direção ao pescoço formado entre elas.

A sinterização em estado sólido, considerando-se partículas monofásicas, pode ser dividida nos estágios inicial, intermediário e final. A Figura 5.4 procura ilustrar essas etapas.

No estágio inicial, observa-se um aumento na área de contato entre as partículas, o arredondamento dos poros e a contração de agregados de pó, envolvendo ou não aproximação de partículas. No estágio intermediário, ocorre, muitas das vezes, a aproximação entre partículas e o estabelecimento de pescoço entre elas. No estágio final, pode ocorrer crescimento de grão e isolamento de poros no interior destes.

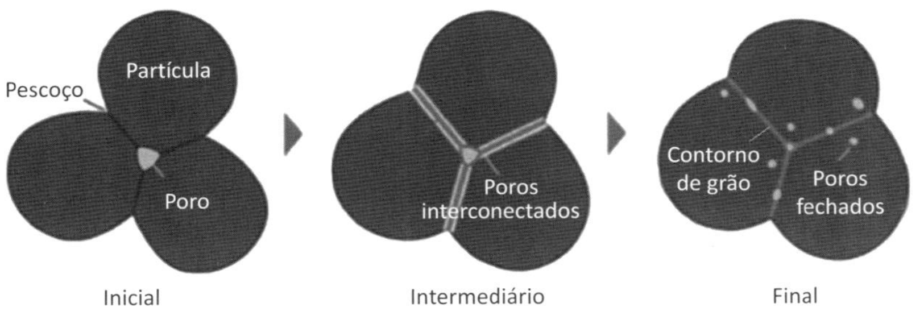

Figura 5.4 Etapas da sinterização no estado sólido para partículas monofásicas.

A Figura 5.5 detalha aspectos relacionados com a formação de pescoços entre partículas, apresentando uma micrografia eletrônica para um pescoço formado entre duas partículas metálicas, 5.5a. O raio de curvatura do pescoço em formação, p, é proporcional ao diâmetro do pescoço, X, que cresce com o tempo de sinterização, e inversamente proporcional ao raio das partículas, R, que diminui com o tempo de sinterização. Essa relação é apresentada na Figura 5.5b.

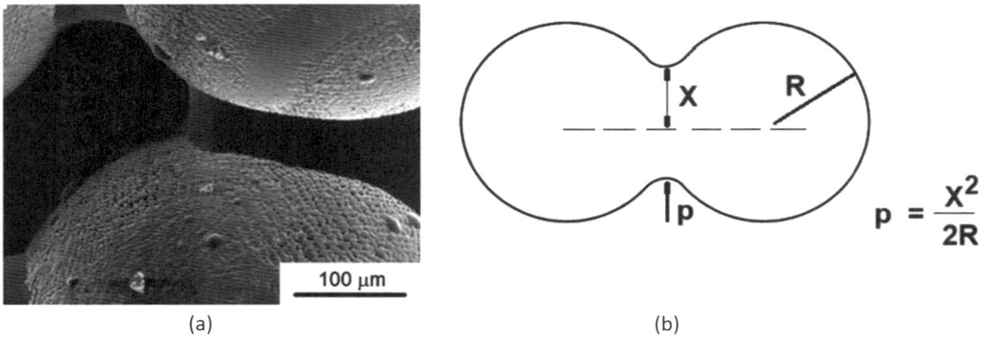

Figura 5. 5 Pescoço formado entre partículas durante a sinterização. Microscopia eletrônica de varredura (a), e variação do raio de curvatura do pescoço, p, com o tempo de sinterização, em função do raio do pescoço, X, e do raio das partículas, R (b).

O ponto de contato entre as partículas vai "empescoçando" numa taxa que dependerá dos mecanismos de transporte de massa envolvidos, que, por sua vez, dependem do material, do tamanho de partícula, das variáveis de sinterização (como temperatura e tempo) etc. Podemos destacar os seguintes mecanismos de transporte de massa possíveis:

- escoamento viscoso;
- escoamento plástico;
- evaporação e condensação;
- difusão volumétrica;
- difusão por contorno do grão;
- difusão superficial.

A Figura 5.6 ilustra os principais mecanismos envolvidos na sinterização. Embora ela tenha por objetivo geral a densificação, com evolução das propriedades relacionadas com a densidade, o fato é que, dependendo dos mecanismos e do sistema, pode não haver contração, como apresentado na figura. Mesmo não havendo contração, propriedades poderão variar com a evolução da sinterização devido ao estabelecimento e ao crescimento de pescoços entre partículas.

Dos mecanismos apresentados, difusão superficial e evaporação/condensação não são acompanhados de contração. Por outro lado, difusão volumétrica e difusão por contornos de grão envolvem contração. São vários os casos em que a expansão pode ser relacionada com interdifusão em sistemas com mais de um componente.

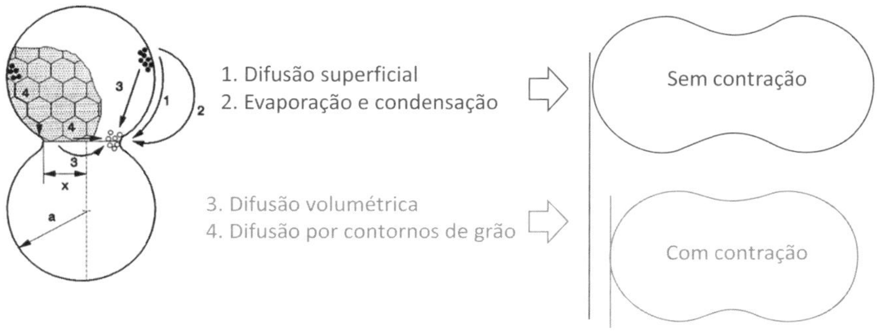

Figura 5.6 Principais mecanismos envolvidos na sinterização.

O crescimento de grão e o engrossamento do pescoço são favorecidos com a evolução da sinterização, como em função do tempo a uma determinada temperatura. Difícil desvincular formação de pescoço e crescimento de grão, já que ambos são fomentados por sinterização, temperatura e/ou tempo. A Figura 5.7 ilustra a relação entre contornos de grão e porosidade. O crescimento do grão pode fazer com que este se descole do poro, reduzindo difusão por contorno de grão, prejudicando a densificação, já que a difusão por contorno de grão é a mais "fácil". Aquecer mais lentamente, ou mesmo promover patamares em temperaturas abaixo da temperatura de sinterização pode favorecer a densificação, alongando a estadia dos poros em contornos de grão.

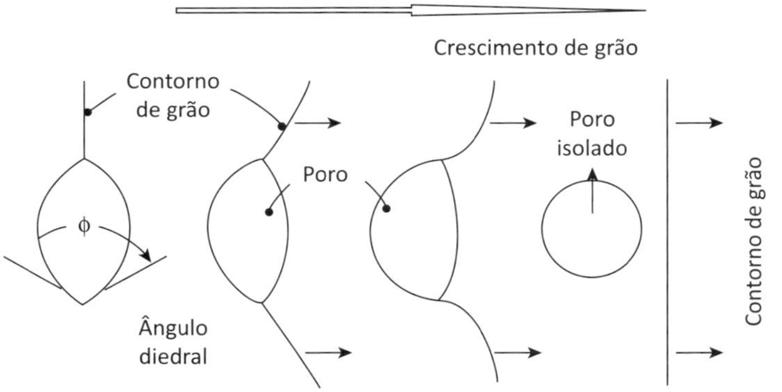

Figura 5.7 Interação entre contorno de grão e porosidade, com a sinterização. Contorno de grão, devido ao crescimento de grão, pode se "descolar" do poro.

A Figura 5.8 procura apresentar um aspecto tridimensional da relação entre contornos de grão e porosidade. Com a evolução da sinterização e o consequente crescimento de grão, os poros inicialmente interconectados vão se isolando. Nem sempre se objetiva a redução da porosidade, já que esta pode ser funcional, como nos mancais autolubrificantes e nos filtros sinterizados. A redução de porosidade com a sinterização é importante para as chamadas peças sinterizadas estruturais.

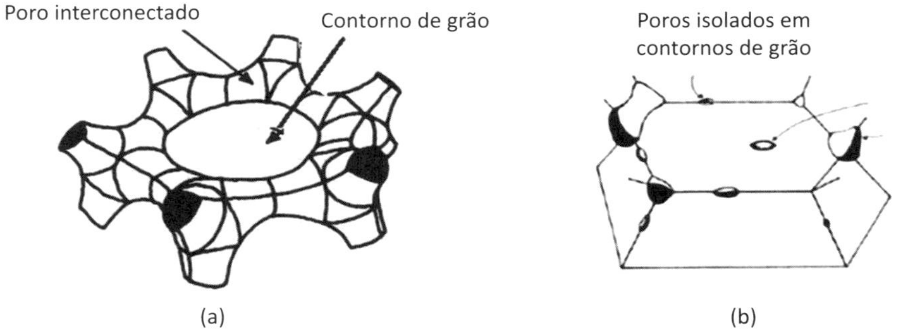

Figura 5.8 Interação entre contorno de grão e porosidade (a). Com a sinterização, poros interconectados vão sendo isolados (b).

A sinterização vem sendo investigada há muito tempo, tanto do ponto de vista cinético como termodinâmico. São várias as ferramentas que podem ser usadas na previsão dos fenômenos envolvidos. Muito se tem feito em simulação computacional mais recentemente, como apresentado na Figura 5.9, que apresenta uma imagem como resultado da simulação (Figura 5.1.9a) e a previsão do crescimento do pescoço (X/2) com o tempo de sinterização.

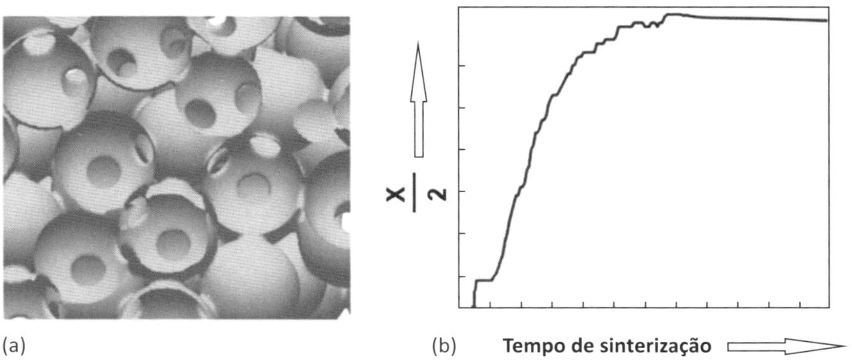

Figura 5.9 Simulação computacional mostrando imagem da formação do pescoço (a) e a evolução do diâmetro deste (X/2) com o tempo de sinterização (b).

É no estágio intermediário da sinterização que é observada uma competição entre crescimento de grão e densificação. Esse estágio praticamente determina as propriedades do sinterizado. Como mencionado, a posição relativa entre contornos de grão e porosidade controla a taxa de sinterização. Nos instantes iniciais do estágio intermediário, os contornos de grão interceptam os poros. O transporte de massa é, portanto, facilitado pela conjunção poro e contorno de grão, que se comportaria como um "túnel" para difusão. Nesse instante, há duas possibilidades: ou os poros são "carregados" pelos contornos durante o crescimento de grão, ou os contornos de grão são "ancorados" pelos poros, como ilustrado na Figura 5.7. Com o decorrer da sinterização, há uma separação natural entre contornos de grão e poros, isso devido à menor mobilidade destes em relação aos contornos de grão.

Na situação em que os poros ocupam regiões de contornos de grão, o sistema apresenta menor energia livre, já que o poro reduz a área total de contorno de grão. O isolamento dos poros no interior dos grãos seria, portanto, uma condição energeticamente desfavorável. Com a densificação, isto é, com a redução da porosidade, a capacidade de ancoramento dos contornos de grão pelos poros é reduzida. Nesse instante, o crescimento do grão passa a ser mais energeticamente viável, como ilustrado na Figura 5.10. Em 5.10a temos o estágio intermediário, no qual os contornos de grão estão "ancorados" nos poros, e a taxa de difusão por contornos de grão é preponderante. Em 5.10b, os grãos cresceram, deixando os poros isolados no interior, o que dificulta a difusão.

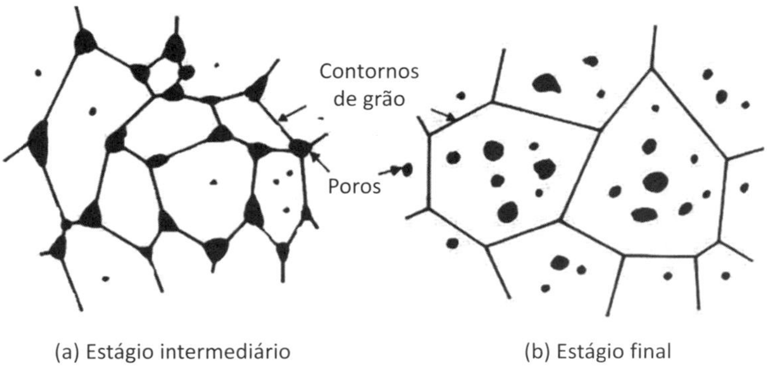

Figura 5.10 Ilustração para microestruturas nos estágios intermediário (a) e final da sinterização (b).

A Figura 5.11 apresenta a evolução microestrutural para paládio durante a sinterização. São três condições de sinterização diferentes, sendo que a temperatura variou drasticamente, de 750 °C até 1.400 °C. Veem-se inicialmente poros em contornos de grão (Figuras 5.11a e 5.11), que tendem a ficam isolados no interior dos grãos, com o aumento da temperatura de sinterização (Figura 5.11c).

Figura 5.11 Microestrutura de paládio sinterizado em diferentes condições: 4 horas a 750 °C (a); 4 horas a 950 °C (b); e aquecida a 1.400 °C a uma taxa de 5 °C /min. (c).

O estágio final da sinterização é um processo lento, no qual poros já isolados e esféricos contraem-se por difusão volumétrica, com taxa de difusão muito baixa. Nessa situação, os poros funcionariam como emissores de lacunas (vacâncias), principalmente para contornos de grão. Nesse estágio, observa-se o coalescimento dos poros (*Ostwald ripening*).

Se os poros forem ocupados por gases, a densificação será influenciada pela solubilidade destes na matriz metálica. Nesse sentido, sinterizações sob vácuo facilitam principalmente o estágio final de sinterização, com o vácuo sendo responsável por uma certa desgaseificação.

Tamanho de partícula inicial é, certamente, uma variável muito importante no que se refere à densificação durante a sinterização. A Figura 5.12 apresenta o efeito do tempo de sinterização, a 865 °C, em pós de cobre com diferentes tamanhos de partícula, compactados e sinterizados conforme ilustra a figura. O efeito do tempo de sinterização é claro, havendo densificação a uma taxa que vai reduzindo com o tempo. Partículas menores favorecem a sinterização devido à maior energia livre de superfície, conforme já discutido.

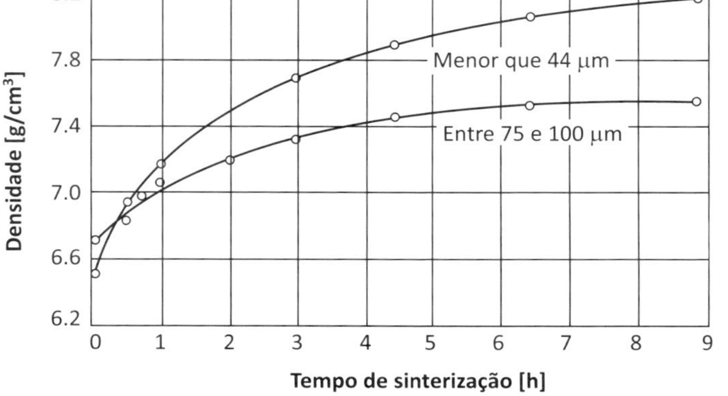

Figura 5.12 Densidade em função do tempo de sinterização a 865 °C para compactados de cobre eletrolítico para duas faixas granulométricas: < 325# (44 μm) e entre 150 e 200# (75 a 100 μm).

5.2 SINTERIZAÇÃO MULTICOMPONENTE

Para avaliação dos principais fenômenos relacionados com a sinterização, temos utilizado apenas o caso de sinterização entre partículas monofásicas e sem a presença de líquido. No entanto, a composição de ligas a partir de misturas de pós elementares é uma técnica muito empregada. O caso mais emblemático é o da produção de aço-carbono sinterizado, obtido a partir de uma mistura de pó de ferro com pó de grafite. Nesses casos, onde há misturas de pós quimicamente diferentes, deve-se considerar questões, como interdifusão e homogeneização de composição química.

Os parâmetros que afetam a homogeneização durante a sinterização são principalmente o tamanho de partícula, o tempo e a temperatura de sinterização. O tamanho de partícula é importante por estar relacionado com distâncias para difusão. A temperatura afeta a taxa de homogeneização por alterar a difusividade dos elementos envolvidos.

Existem vários modelos que têm por objetivo a quantificação dos fenômenos envolvidos na interdifusão. Boa parte deles baseiam-se em simetrias e simplificações geométricas, como o apresentado na Figura 5.13, que considera a distribuição de um segundo constituinte de mesmo tamanho e espaçados igualmente. Mesmo assim, tem sido possível a aplicação desses modelos quando o sistema apresenta número reduzido de variáveis.

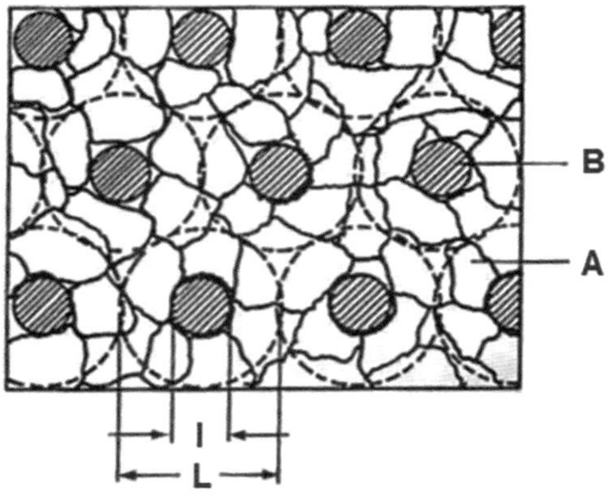

Figura 5.13 Esquema considerando a dissolução de um constituinte B num constituinte A, e a distância média para interdifução L, relativa a um diâmetro l do constituinte B.

Um aspecto interessante relacionado com a interdifusão durante a sinterização é a relação entre a difusividade dos elementos envolvidos e a microestrutura resultante. Um caso particular é o chamado *efeito Kirkendall*, que, resumidamente, é a ocorrência de microporosidades resultantes das diferentes taxas de interdifusão e o consequente acúmulo de lacunas, que dão origem à porosidade, podendo esta ser visível mesmo em microscopia óptica.

A Figura 5.14 apresenta microestrutura decorrente da sinterização de fios de cobre e níquel, intercalados, que, em um corte na seção transversal, simulam partículas de mesmo tamanho. A difusividade do cobre no níquel é bem maior que a do níquel no cobre. Por conta disso, é possível observar a presença de microporosidades no interior do cobre, já que a difusão do cobre no níquel é mais intensa que a do níquel no cobre.

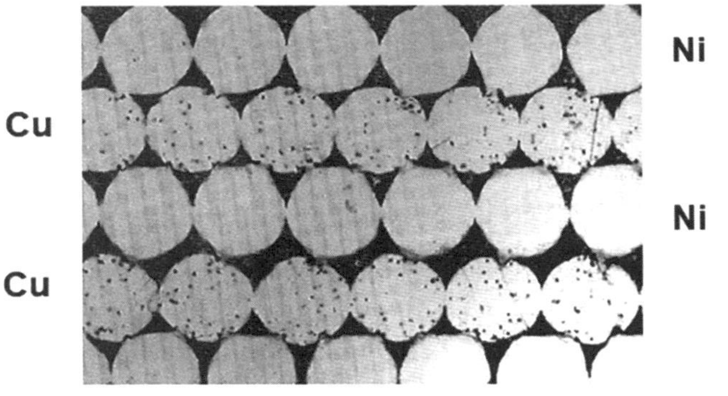

Figura 5.14 Micrografia óptica para seção transversal de fios de cobre intercalados com fios de níquel. Conjunto sinterizado a 1.070 °C por 50 minutos, sob atmosfera protetora.

O mesmo fenômeno pode ser observado em sistemas mais próximos da realidade, como na Figura 5.15, para uma liga Fe-3% para aplicações magnéticas. O uso de pós pré-ligados de Fe3Si não é adequado, já que a compressibilidade para este é muito baixa devido ao endurecimento do ferro por solução sólida. Portanto, é comum o uso de partículas portadoras de silício, contendo teores de silício elevados, esperando-se que, com a sinterização, o gradiente inicial se encarregue da homogeneização química. Na Figura 5.15a, podemos observar que o tempo e/ou temperatura de sinterização não foram suficientes para se atingir uma microestrutura homogênea, com a total solubilização do silício no ferro. O ciclo de sinterização deve ser ajustado para que haja dissolução do silício, de modo a se obter uma microestrutura homogênea em termos de composição química. Da mesma forma que no exemplo anterior, vemos em 5.15b que a taxa de difusão do ferro no silício é maior que o inverso, fazendo que com vazios sejam visíveis na matriz de ferro.

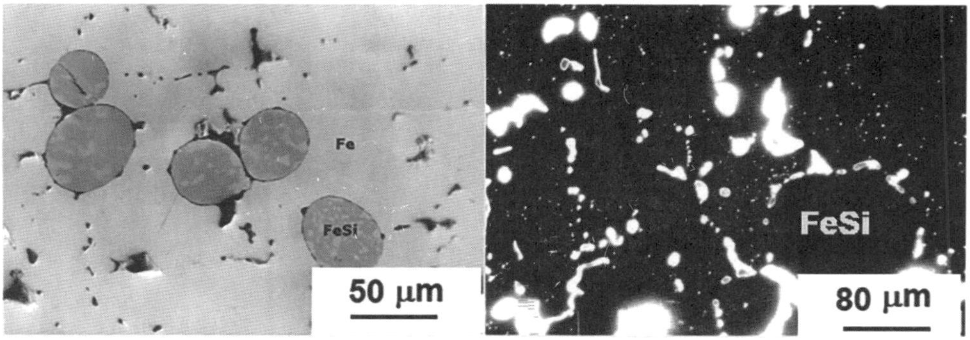

(a) (b)

Figura 5.15 Microestrutura de liga Fe3Si obtida por mistura de pós de ferro e Fe45Si. Microscopia óptica convencional (a) e campo escuro (b) evidenciando o efeito Kirkendall. Microscopia óptica, sem ataque.

5.3 SINTERIZAÇÃO COM FASE LÍQUIDA

Como já mencionado, em um processo de sinterização para metais, o constituinte principal permanece sólido durante todo o processo de sinterização; caso contrário, seria impossível manter a forma obtida na etapa anterior de conformação dos pós. Quando nos referimos a líquido durante a sinterização, estamos falando de uma pequena concentração, que pode ser formada propositalmente, pela adição de elementos com menor ponto de fusão, ou mesmo pela reação química entre constituintes, com a formação de eutéticos, por exemplo.

Considerando-se o caso clássico de sinterização com fase líquida, na qual partículas sólidas de um metal (como o tungstênio) encontram-se imersas num líquido (como o níquel e o ferro) que dissolve parcialmente o sólido, três estágios podem ser definidos:

- rearranjo das partículas e sinterização no estado sólido;
- dissolução e reprecipitação;
- densificação no estágio final, normalmente em fase líquida, mas, podendo ser no estado sólido, caso de líquido transiente.

A Figura 5.16 apresenta ilustrativamente esses estágios. O aditivo (aglomerante) poderia ser, por exemplo, níquel e ferro, sendo o constituinte principal o tungstênio. No aquecimento, podemos ter formação de pescoções entre as partículas de tungstênio por difusão no estado sólido. Com o aumento da temperatura e a redução do limite de escoamento dos metais, principalmente dos que constituem o aditivo, podemos ter rearranjo entre partículas, na sequência e favorecido pela formação de líquido teremos dissolução e reprecipitação, para que, em um estágio final, tenhamos a definição do volume final, idealmente sem a presença de poros.

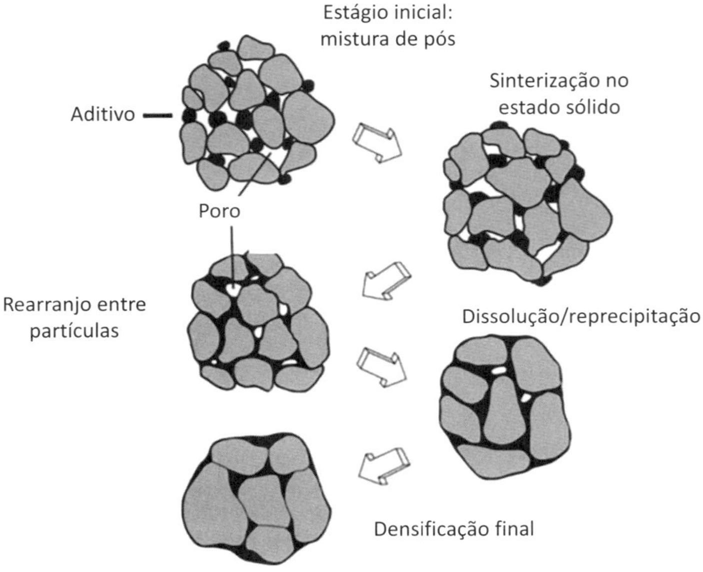

Figura 5.16 Estágios na sinterização com fase líquida.

A Figura 5.17 apresenta microestruturas típicas para produto sinterizado, com sinterização em fase líquida, no caso, "metal pesado", liga de tungstênio com pequenas concentrações de níquel e ferro. É possível observar o tungstênio acentuadamente arredondado, em uma matriz composta de *binder*, níquel e ferro. Em 5.17a temos uma imagem de microscópio eletrônico de varredura, e em 5.17b microscopia óptica. Os grãos de tungstênio têm uma distribuição de tamanho relativamente fechada, embora tenha havido, certamente, crescimento de grão, já que as partículas de tungstênio usadas como matéria-prima costumam ter um tamanho inferior a 5 μm. O aglomerante, líquido durante a sinterização, "molha" os grão de tungstênio, mas, não está homogeneamente distribuído, sendo possível a observação de regiões com mais e com menos aglomerante. A ausência localizada de aglomerante favorece a contiguidade entre os grãos de tungstênio, o que pode limitar o desempenho do componente.

O rearranjo é um processo descontínuo, ou seja, num determinado instante apenas grupos de partículas assumem novas posições, enquanto as outras partículas comportam-se como um esqueleto rígido. Há casos em que não há solubilidade entre o constituinte principal e o líquido formado, e, dessa forma, não há dissolução, o que minimiza o crescimento de grão (do constituinte principal) por coalescimento.

Quando houver solubilidade entre líquido e sólido, haverá crescimento das partículas (grãos do principal constituinte) no segundo estágio da sinterização, em fase líquida. Esse crescimento vai se dar justamente pela dissolução das partículas menores para formação de maiores (repreciptação), e isso ocorre para reduzir a energia livre do sistema pela redução da energia de superfície.

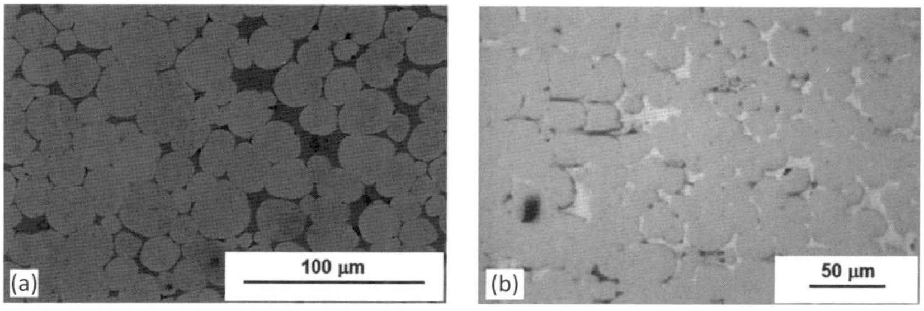

Figura 5.17 Micrografias eletrônica (a) e óptica (b) para metal pesado, liga W7Ni3Fe sinterizada em temperatura próxima de 1.500 °C.

Vamos considerar o exemplo de partículas de tungstênio imersas em um líquido composto por níquel e ferro. O tungstênio se dissolve no líquido, principalmente aquele com elevada energia de superfície (grãos menores). Haverá crescimento de grão, portanto, pela reprecipitação do tungstênio nos grãos que sobreviveram. Num determinado instante, grãos de tungstênio vão se tocar. Nesse instante, o crescimento de regiões com interface sólido/líquido será favorecido. O resultado disso será a presença de grãos com aspecto poliédrico.

No encontro de partículas sólidas, anteriormente separadas por um líquido, define-se o terceiro estágio da sinterização com fase líquida. Mudanças microestruturais, como crescimento adicional de grãos, são observadas nessa etapa.

5.4 EQUIPAMENTOS E ATMOSFERAS DE SINTERIZAÇÃO

Como já mencionamos, a sinterização é uma etapa que envolve temperatura, tempo e atmosfera. Fornos para sinterização devem ser capazes de controlar essas três variáveis. Como estamos falando de sinterização de pós metálicos, devemos controlar o potencial de oxigênio da atmosfera, minimizando a oxidação dos metais em altas temperaturas.

A sinterização ocorre, geralmente, sob atmosfera inerte, como sob vácuo ou argônio, ou redutora, como hidrogênio. Materiais que sinterizam em temperatura de até 1.150 °C podem ser sinterizados em fornos contínuos, como o de esteira, que transporta o compactado por meio de uma zona em alta temperatura, onde ocorre a sinterização. A Figura 5.18 ilustra a vista lateral de um forno de esteira, e a Figura 5.19 apresenta a foto de um forno desta natureza. As peças compactadas entram de um lado e saem frias, do outro. Para que tenhamos uma região uniforme em termos de temperatura, esses fornos contêm zonas de "pré-aquecimento", onde, se for necessário, ocorre a remoção de voláteis, como a dos lubrificantes utilizados na compactação (*burn off*). A velocidade da esteira, associada às temperaturas das zonas quentes e frias, define o ciclo de sinterização. Existem inúmeras maneiras de se controlar a atmosfera no forno, e mais recentemente passou a ser possível trabalhar com diferentes atmosferas em diferentes regiões, mesmo o forno sendo contínuo.

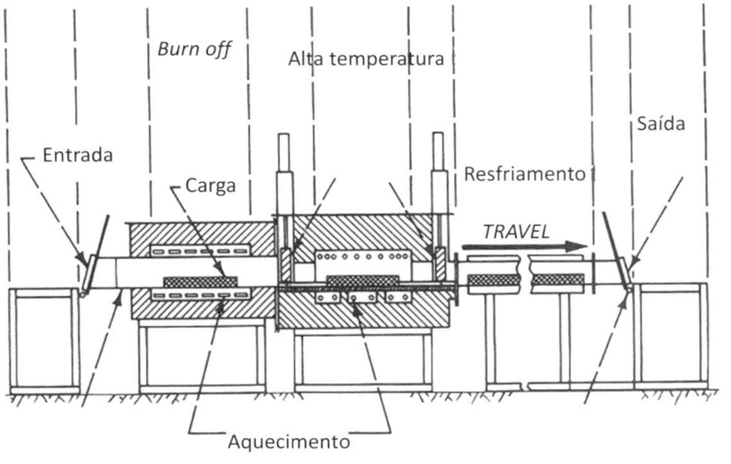

Figura 5.18 Esquema de forno de esteira usado na sinterização de metais.

Figura 5.19 Vista de forno contínuo, de esteira, para sinterização de metais.

Materiais que sinterizam em temperaturas superiores a 1.200 °C podem ser também sinterizados em fornos contínuos, como são os fornos tipo *pusher*, no qual caixas contendo os compactados entram no forno, empurrando umas às outras, simulando uma esteira.

Alternativa aos fornos *pusher* são os fornos a vácuo para altas temperaturas, como o ilustrado na Figura 5.20. São fornos elétricos, com resistência de grafite ou molibdênio, que ficam no interior de uma câmara metálica, sendo esta resfriada com uma camisa-d'água (*cold wall*). A câmara é evacuada, podendo ser utilizada atmosfera dinâmica de gases.

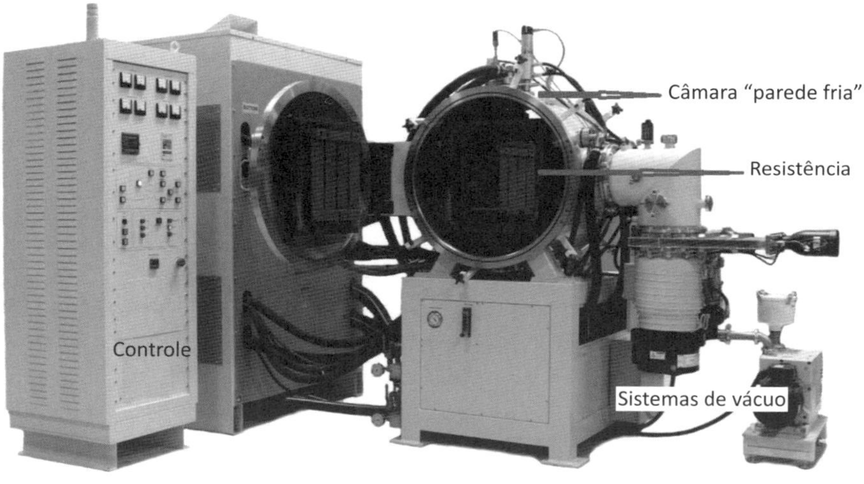

Figura 5.20 Forno para sinterização sob vácuo em alta temperatura.

Quando há o uso de atmosferas, particularmente as redutoras, uma consideração importante é quanto à estabilidade dos óxidos dos metais envolvidos na sinterização. A Figura 5.21 apresenta curvas relacionando a estabilidade de vários óxidos metálicos com o ponto de orvalho da atmosfera contendo hidrogênio (diagrama de Ellingham). *Ponto de orvalho* pode ser entendido como a razão entre vapor d'água e hidrogênio. Na prática, é a temperatura na qual o vapor d'água condensa, ou seja, quanto menor o ponto de orvalho, maior a concentração de hidrogênio, e mais redutora será a atmosfera. Assim, à direita das curvas de estabilidade dos óxidos (Figura 5.21), o estável é o metal, e, à esquerda, o óxido metálico. Assim, os óxidos de ferro, tungstênio e molibdênio são pouco estáveis, fáceis de reduzir, mesmo com temperatura baixa e alto ponto de orvalho (pouco hidrogênio). No outro extremo, estão os óxidos de alumínio e titânio, por exemplo. Para que esses sejam reduzidos, convertidos em metal, temos de ter alta temperatura e baixo ponto de orvalho.

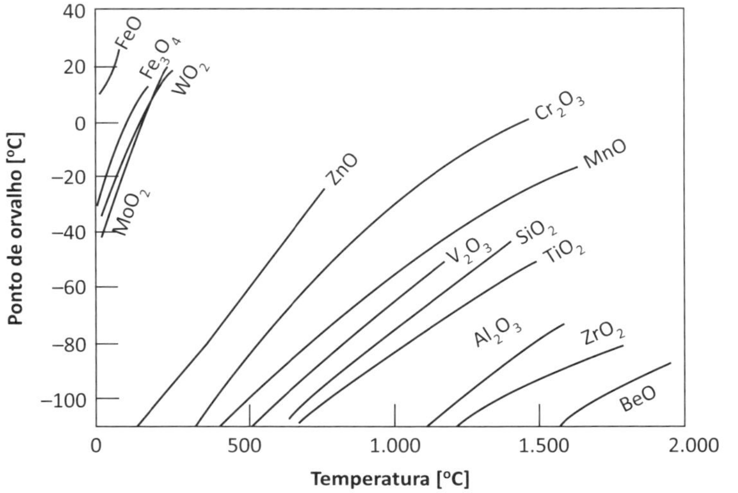

Figura 5.21 Ponto de orvalho de atmosfera (hidrogênio/vapor d'água) e estabilidade dos principais óxidos de metais comumente empregados no âmbito da metalurgia do pó.

5.5 OPERAÇÕES COMPLEMENTARES

De um modo geral, um produto sinterizado sai pronto da sinterização. No entanto, caso isso não aconteça, etapas complementares poderão ser necessárias após a sinterização. A Figura 5.22 resume algumas delas. Um acerto dimensional, para ajuste dimensional e fechamento da porosidade superficial, com aumento de dureza e da resistência à corrosão, pode ser obtido com uma etapa de recompressão a frio, denominada *calibração*. A Figura 5.23 apresenta uma ilustração dessa etapa de calibração (Figura 5.23a), bem como a foto de prensa excêntrica normalmente empregada nessa operação (Figura 5.23b). Do ponto de vista do material a ser calibrado, a ductilidade deve ser adequada, já que teremos deformação plástica, sendo indesejável a geração de trincas.

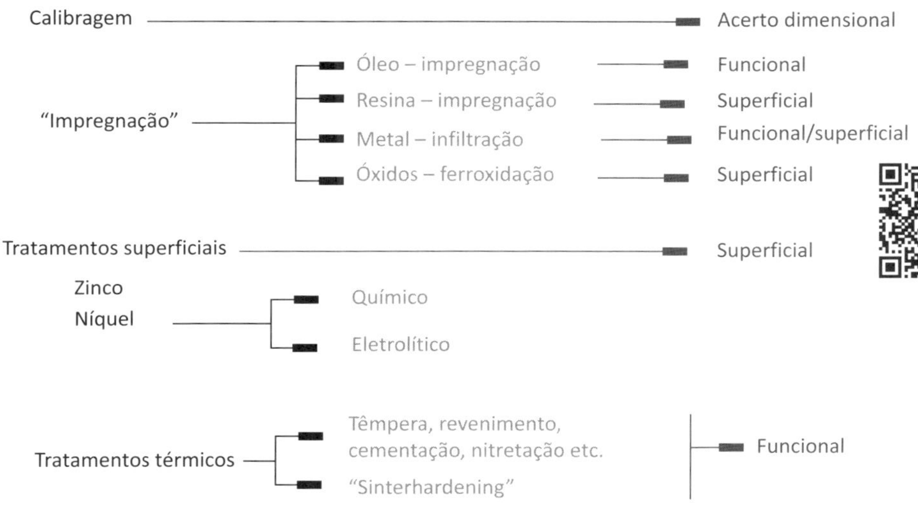

Figura 5.22 Principais etapas complementares, realizadas após a sinterização, para acerto dimensional, ajuste funcional e condicionamento superficial.

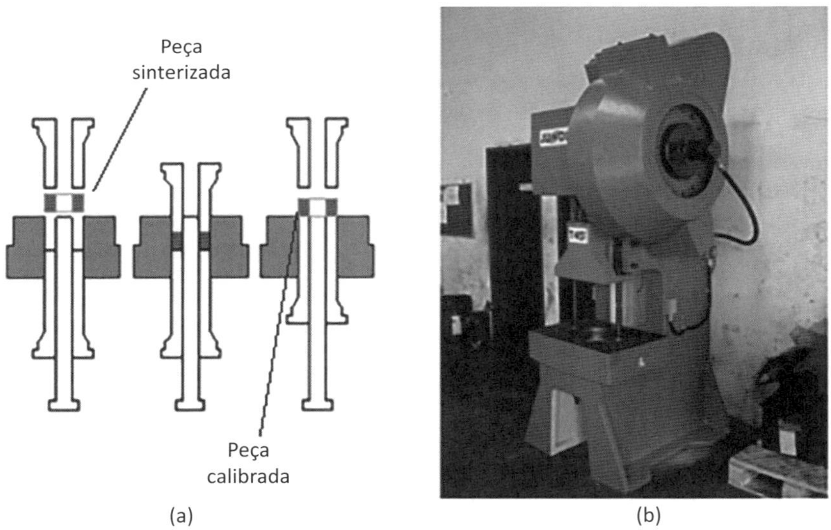

Figura 5.23 Etapa de calibração (a) e prensa excêntrica normalmente empregada nesta operação (b).

Impregnações e tratamentos superficiais podem ter caráter funcional ou protetivo. Peças sinterizadas em aço-carbono são, normalmente, oleadas para minimizar oxidação.

Impregnação com óleo lubrificante é usado em mancais sinterizados, conforme ilustrado na Figura 5.24. Mancais sinterizados autolubrificantes vêm sendo usados já há muito tempo na substituição de pequenos rolamentos. Em operação, o óleo de impregnação vai para a pista de rolagem, no início da rotação, e volta para o interior do mancal quando cessa o movimento. Dessa forma, não há necessidade de lubrificação periódica. Mancais de aço e bronze passam por essa etapa de impregnação. Um mancal (bucha) contendo cerca de 30% em volume de poros, na sua grande maioria interconectados, é imerso em óleo. O controle da temperatura do óleo e da pressão da câmara de impregnação é necessário para o sucesso deste procedimento. No final, uma bucha contendo mais do que 20% em volume de óleo está pronta para montagem.

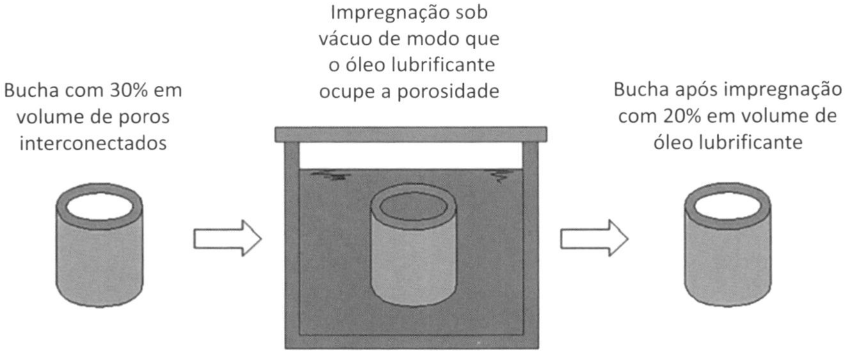

Figura 5.24 Ilustração da etapa de impregnação, utilizada em mancais sinterizados autolubrificantes.

Como já mencionado, algumas peças sinterizadas de aço-carbono não possuem boa resistência à oxidação e à corrosão, podendo ser oleadas. Dependendo da aplicação, um tratamento de proteção superficial pode ser necessário. Um dos mais populares, para sinterizados, é o "ferrox" ou "ferro-oxidação". A Figura 5.25 apresenta algumas imagens do processo. Peças sinterizadas, colocadas em um cesto metálico, alimentam uma autoclave, onde se dá a oxidação superficial, com aquecimento em baixa temperatura e injeção de umidade. Dessa forma, tem-se um revestimento escuro, aderente, contínuo e protetivo, como ilustrado na figura.

Existem diversos outros tratamentos superficiais, como zincagem e niquelação, mas muitos destes são os mesmos empregados para peças metálicas obtidas por outros processos que não metalurgia do pó.

Figura 5.25 Imagens para o processo de proteção superficial de sinterizados por "ferro-oxidação".

Se o desempenho exige propriedades mecânicas, peças sinterizadas podem ser temperadas diretamente após a sinterização, no mesmo forno contínuo, conforme o ilustrado na Figura 5.26. Esse processo é conhecido por *sinter-hardening*. O aço sai austenitizado da zona de sinterização, sendo, então, resfriado rapidamente pela injeção de gás, como nitrogênio, em dispositivos (trocadores de gases) projetados especificamente para isto.

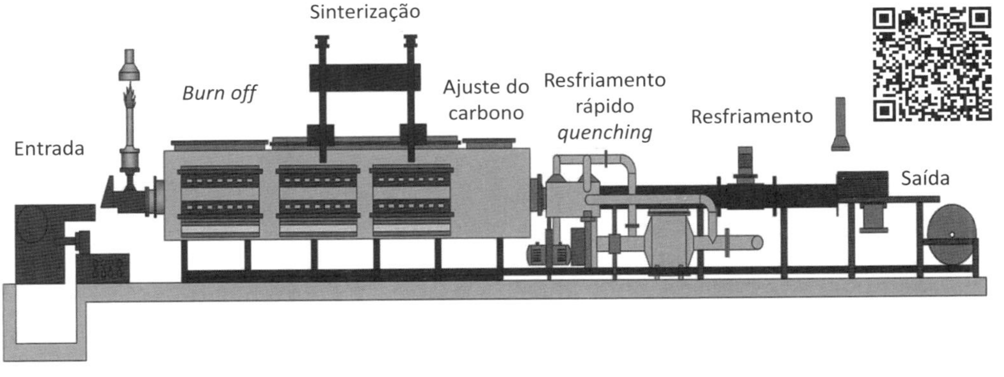

Figura 5.26 Ilustração de forno contínuo no qual a têmpera é realizada após a sinterização, processo conhecido por *sinter-hardening*.

A Figura 5.27 apresenta microestrutura de um aço baixa-liga sinterizado e temperado (*sinter-hardening*). Observa-se a presença de poros, martensita e, provavelmente, uma mistura de ferrita, austenita retida e bainita. Aços sinterizados tendem a apresentar uma microestrutura menos homogênea que aços produzidos convencionalmente, o que, em determinadas, circunstâncias, pode ser uma vantagem, devido a uma adequada combinação entre dureza e tenacidade, por exemplo.

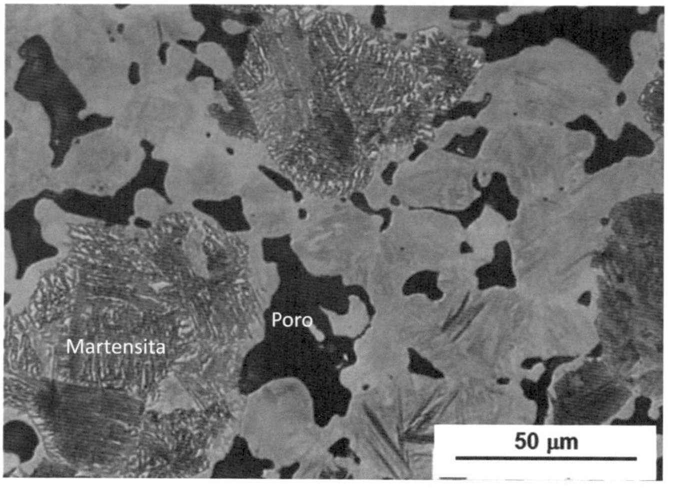

Figura 5.27 Micrografia óptica de um aço sinterizado "baixa-liga". Sinterização a 1.120 °C por 30 minutos sob atmosfera de N_2/H_2. Resfriado rapidamente por *sinter-hardening*. Amostra atacada com nital.

CAPÍTULO 6
Manufatura aditiva para metais

Manufatura aditiva (MA) pode ser definida como qualquer processo de "construção" de materiais a partir do empilhamento de pequenas frações dele, muito frequentemente camada a camada, produzindo peças e componentes a partir de dados de um modelo tridimensional. Uma maneira mais simples seria definir MA como a fabricação de componentes, pela deposição camada a camada, guiada por um modelo digital e por movimento X-Y-Z.

Existem sinônimos para manufatura aditiva (MA), como *prototipagem rápida*, muito usado nas primeiras incursões no tema, mas inadequado hoje em dia, já que, além de protótipos, a MA vem sendo aplicada na fabricação de peças funcionais, muitas das vezes produzidas em série. Outro sinônimo é *impressão 3D*, que tem gerado um certo preconceito por parte da comunidade acadêmica, por ser pouco técnico e muito popular. *Impressão 3D* parece adequado, já que confere o sentido de deposição/consolidação de material camada a camada. Assim, usaremos aqui tanto manufatura aditiva como impressão 3D e tentaremos nos restringir a produtos metálicos produzidos por meio de vários processos de MA.

O uso do termo *manufatura aditiva* é um contraponto a muitos processos de conformação que removem material de uma pré-forma ou produto semiacabado, por exemplo, para obtenção da forma e dimensões finais. Esse é o caso de usinagem/torneamento, corte/estampagem, furação etc. A Figura 6.1 procura ilustrar diferenças entre manufatura aditiva com esses processos que demandam remoção de material, cuja denominação, ainda não muito popular, tem sido de *manufatura subtrativa*.

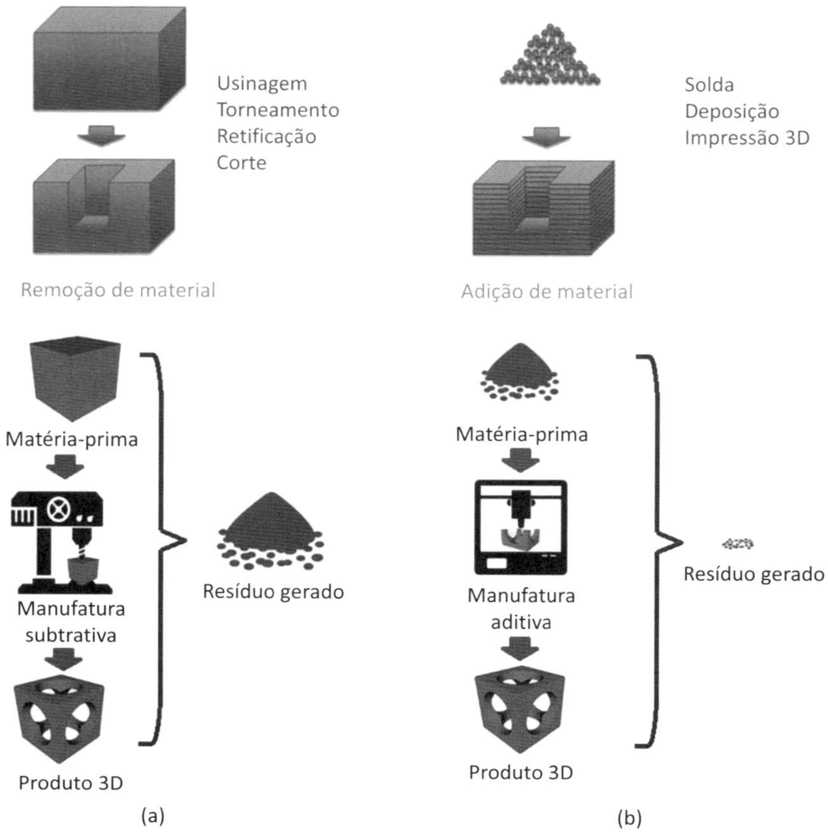

Figura 6.1 Processos de conformação envolvendo remoção (a) e adição de material (b).

Fica claro na Figura 6.1 que, na manufatura aditiva, o produto metálico é construído pela adição de pequenas frações, muito frequentemente pós, sem a necessidade de uma ferramenta de conformação, já que a construção é guiada por um modelo digital. Não há, portanto, geração de resíduo. Trata-se de um processo de conformação muito adequado ao que se convencionou chamar de *indústria 4.0*, extremamente automatizada, integrando diferentes tecnologias.

Não há dúvidas quanto ao potencial dos processos de impressão 3D aplicados à produção de produtos metálicos; porém, a "concorrência" sempre foi grande, ou seja, os metais podem ser conformados por diversos processos, mecânicos, metalúrgicos ou mecânico-metalúrgicos, que, muitas vezes, competem entre si. A Figura 6.2 procura discutir para quais casos a impressão 3D seria mais competitiva, considerando complexidade de forma, tamanho da peça e tamanho do lote. Complexidade de forma não é problema para a impressão 3D, já que a peça é construída camada a camada. Quanto às dimensões, a impressão 3D é mais competitiva para peças menores. Peças seriadas produzidas em grande volume não são o ponto forte desse processo, uma vez que as máquinas não são normalmente escaláveis, tendo de ser replicadas quando se deseja uma produção em maior escala.

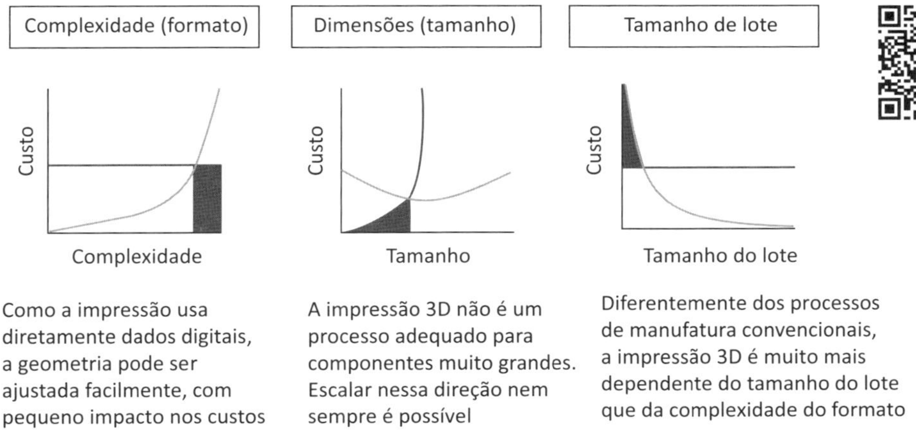

Figura 6.2 Competitividade para impressão 3D considerando-se complexidade de forma, tamanho da peça e tamanho do lote.

As maiores oportunidades para a produção de peças metálicas por impressão 3D estão, muito provavelmente, menos na competição com outros processos de fabricação e mais na viabilização de novos projetos e produtos, como ilustrado na Figura 6.3, para o que se chama *otimização topológica*. A Figura 6.3 apresenta um componente metálico, Ti-6Al-4V, usado na indústria aeronáutica, produzido por "fusão em leito de pó", ou *selective laser melting* (SLM), ou, como esse processo vem sendo chamado mais recentemente, L-PBF, Laser – *powder bed fusion*. O objetivo de uma otimização topológica como essa é reduzir o volume e a massa do componente e, se possível, melhorar o desempenho. A peça original começou com cerca de 150 g, terminando, depois de algumas otimizações mostradas na figura, com um volume 37% menor e uma massa de 94 g, 63% da massa para o projeto inicial. Não há dúvidas de que a impressão 3D é um processo que requer novas propostas para projeto.

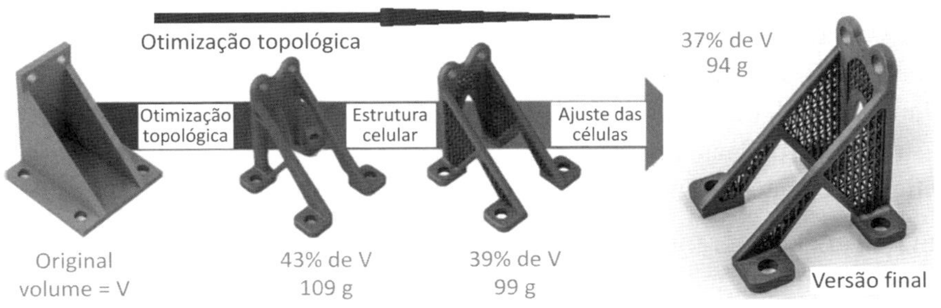

Figura 6.3 Otimização topológica para um componente aeronáutico produzido por impressão 3D (SLM) em liga Ti-6Al-4V.

Questões funcionais, além da viabilização de novos projetos, fazem com que a impressão 3D também se destaque. Consideremos, por exemplo, materiais metálicos porosos, normalmente produzidos por metalurgia do pó convencional ou por *foaming processes* (formação de espumas metálicas). Materiais metálicos porosos podem ser usados como filtros, ou mesmo como mancais autolubrificantes. Com a impressão 3D, é possível personalizar a porosidade e até criar gradiente funcional, muito adequado a vários processos para os quais os porosos metálicos são usados. A Figura 6.4 apresenta imagens de tomografia para aço inoxidável com gradiente de função produzido por SLM (L-PBF). Variáveis de impressão, como potência e velocidade do feixe de laser, foram sendo ajustadas de baixo para cima (eixo Z) durante a construção da peça, de modo que a porosidade fosse aumentando.

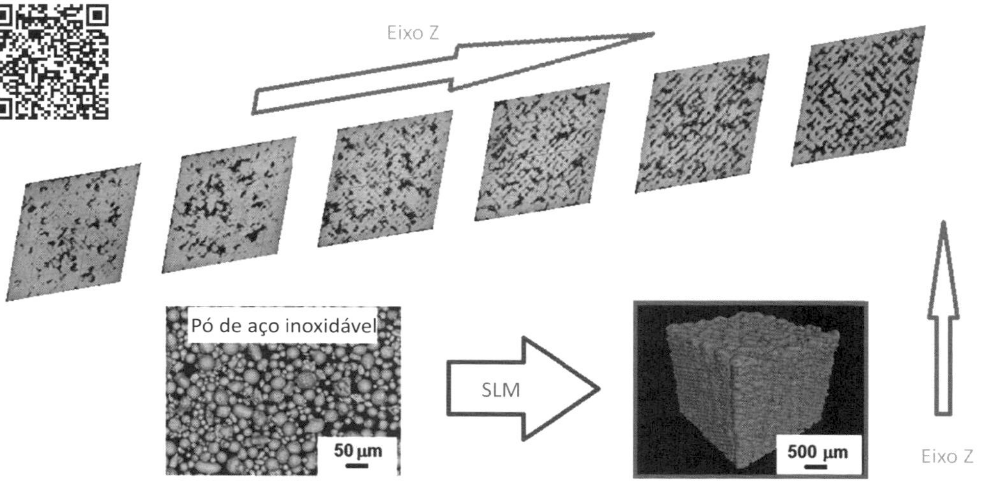

Figura 6.4 Imagens de tomografia para filtro de aço inoxidável com gradiente de função, produzido por impressão 3D (L-PBF). Porosidade aumentando em Z, de baixo para cima.

Do ponto de vista do "negócio", envolvendo impressão 3D para metais, não há dúvida de que a comercialização de equipamentos ainda é o maior e mais próspero mercado. A Figura 6.5 apresenta algumas possibilidades de negócio, considerando-se equipamentos, insumos (matérias-primas) e serviços, ou seja, fornecedores de equipamentos para MA, fornecedores de matérias-primas e insumos, e prestadores de serviço.

Existe uma diversidade grande de equipamentos para impressão 3D de metais, e a primeira consideração a ser feita é quanto ao processo, direto ou indireto, sendo direto aquele em que o componente sai pronto da impressora, e o indireto aquele que passa por uma etapa de sinterização, como será visto a seguir. Para um dos processos diretos mais consagrados, a fusão a laser em leito de pó (SLM), ou L-PBF, o investimento em um equipamento é da ordem de alguns milhões de reais. O *pay back*, comercializando-se peças metálicas produzidas por manufatura aditiva não é simples, e esta é a razão pela qual os primeiros mercados que estão sendo ocupados são os mais nobres, como para biomateriais (próteses e correlatos) e os para indústria aeronáutica.

O mercado de matérias-primas parece interessante, e não deixa de estar atrelado ao da venda de equipamentos. Pós metálicos para impressão 3D são normalmente de ligas mais nobres, produzidos por processos mais sofisticados, como pós obtidos por atomização a gás e com bom valor agregado.

A prestação de serviço, mais especificamente a produção de peças sob demanda, cresce mais devagar. Prestar serviços na condução de projetos para estudo de viabilidade técnica pode ser interessante até como divulgação do processo, e isso pode incluir o uso de unidades móveis para impressão 3D de metais.

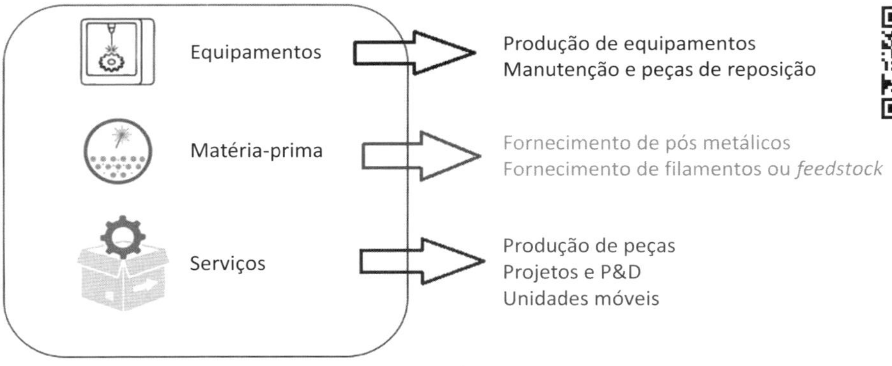

Figura 6.5 Modelos de negócio, considerando-se impressão 3D para metais.

6.1 PROCESSOS DE IMPRESSÃO 3D APLICADOS A METAIS

São vários os processos de manufatura aditiva que vêm sendo empregados para metais. Podemos, grosseiramente, classificá-los, como já o fizemos, em processos diretos e indiretos. Os diretos são aqueles para os quais o aporte de energia é suficiente para consolidar o produto impresso, geralmente havendo fusão. Nos processos indiretos, há uma etapa final de sinterização, normalmente precedida por um tratamento para remoção de constituintes orgânicos, usados como aglomerantes (aglutinantes).

A Figura 6.6 procura apresentar os principais processos diretos, que ainda podem ser divididos em fusão em leito de pó (FLP) (*powder bed fusion* – PBF) (Figura 6.6a), ou deposição direta de energia (DDE) (*direct energy deposition* – DED) (Figura 6.6b).

Nos processos com leito de pó (Figura 6.6a), a energia para fusão pode ser gerada por um feixe de elétrons ou, mais frequentemente, um feixe de laser. Neste último caso, há quem use o termo *fusão em leito de pó com laser*, ou a sigla FLP-L. Muitas têm sido as siglas usadas para processos de MA, e as mais consagradas são em inglês; assim, FLP-L é conhecida por L-PBF, *laser powder bed fusion*. Analogamente, se a fonte é um feixe de elétrons, o processo passa a ser FLP-FE.

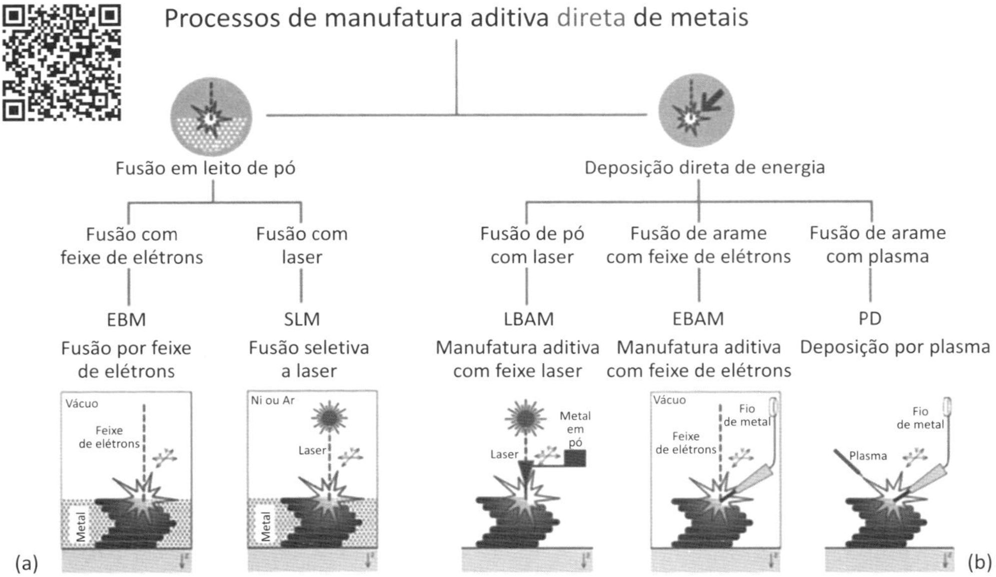

Figura 6.6 Processos diretos para impressão 3D de metais: os que envolvem fusão em leito de pós (a) e os que envolvem a deposição direta de energia (b).

Na deposição direta de energia, podemos ter, alternativamente, como fonte de energia para fusão, o plasma. Como ainda usaremos, por algum tempo, os termos e siglas em inglês, vamos nos habituar a eles. A Figura 6.7 tenta resumir os processos diretos, siglas e sinônimos. Os principais processos com leito de pó são o EBM (*electron beam melting*) e o SLM (*selective laser melting*).

Processos em leito de pó

PBF-L – Powder Bed Fusion – Laser → [*SLM (Selective Laser Melting*, *DMLS (Direct Metal Laser Sintering)*]

PBF-EB – Powder Bed Fusion – Electron Beam → [*EBM (Electron Beam Melting)*]

Processos por deposição direta de energia

DED-L – Direct Energy Deposition – Laser
DED-EB – Direct Energy Deposition – Electron Beam
DED-PA – Direct Energy Deposition – Plasma Arc

Figura 6.7 Denominações, em inglês, dos principais processos de manufatura aditiva direta para metais.

O SLM (L-PBF ou PBF-L) tem sido muito mais empregado e vem se desenvolvendo constantemente em termos de equipamentos e insumos. Podemos dizer que o L-PBF já é um processo maduro e competitivo para "produção digital" de peças metálicas. Já existe mercado para metais que atendam a aplicações mais nobres. Se contarmos ainda com otimizações de projeto (otimizações topológicas), particularmente aquelas só possíveis por processos de manufatura aditiva, podemos tornar a MA mais competitiva diante de outros processos de fabricação.

O SLM (PBF-L ou L-PBF) é um processo que surgiu no final do século XX, com diversas denominações, sendo uma delas muito curiosa, DMLS (*direct metal laser sintering*), que acabou virando marca registrada para um dos fabricantes de equipamento e vem ainda sendo usada por este. O termo *sintering*, do DMLS, sempre causou alguma confusão, já que o fenômeno, neste caso, sempre foi o de fusão, como fica claro na denominação FLP-L, fusão em leito de pó com laser (L-PBF).

Os processos que envolvem deposição direta de energia (DED), independentemente da fonte de empregada, são muito próximos de alguns utilizados em soldagem, bem como dos usados em processos de revestimento por aspersão térmica, genericamente chamados de *metalização*, como o HVOF (*high velocity oxygen fuel*). Em ambos os casos, temos fonte de energia suficiente para fusão do metal ou liga metálica, e a diferença é que, para processos de MA por deposição, contamos com um movimento X-Y-Z para o substrato onde ocorre a deposição.

Diferentemente dos processos diretos, os indiretos, aplicados a metais, usam aglomerantes (aglutinantes ou binder), que são adicionados aos pós metálicos. Essas misturas, em diversas condições, são usadas como matérias-primas para diversos processos indiretos de conformação por MA. Invariavelmente, é necessária uma etapa de remoção do aglomerante, antes ou durante a sinterização. Esses processos podem envolver extrusão direta de um *feedstock* (grânulos contendo aglomerante e pós metálicos) ou mesmo de um filamento carregado com partículas metálicas. Pode envolver transferência de camadas (grânulos de *feedstock*), como nos processos SLM, mas, neste caso, não há fusão do componente metálico, e a resistência mecânica é obtida pela “sinterização” da parte orgânica do *feedstock*.

A seguir, apresentaremos e discutiremos mais detalhadamente os processos, separando-os em diretos e indiretos, como os mostrados na Figura 6.7.

6.2 PROCESSOS DIRETOS

Como já mencionado, os processos diretos são aqueles para os quais o aporte de energia por laser, plasma ou feixe de elétrons é suficiente para fundir o metal ou a liga metálica. Como esse aporte se dá de forma concentrada, como na forma de um feixe, a potência transferida a ser considerada concentra-se em uma área e deve ser considerada por unidade de volume do que está sendo fundido. Assim, com apenas algumas dezenas de watt, o laser pode entregar potência suficiente para que haja fusão de muitos dos metais e ligas.

Detalhamos a seguir os processos diretos, visando a aproximar o processo de fabricação com aspectos metalúrgicos mais consagrados, incluindo a relação entre processo de fabricação, microestruturas e propriedades, e procurando antecipar desempenho.

6.2.1 O PROCESSO FUSÃO EM LEITO DE PÓ – LASER (L-PBF)

O processo de fusão em leito de pó, usando laser como fonte de energia, é o mais maduro dos processos para impressão 3D que vêm sendo utilizados para metais. A Figura 6.8 ilustra o processo, com uma vista tridimensional (Figura 6.8a), e um corte da seção lateral (Figura 6.8b).

Nesse processo, uma camada de pó é transferida da câmara de alimentação, por meio de um "raspador" (*reacoater*), para a câmara de construção, sendo nivelada na própria câmara de fabricação (construção). Estamos falando de camadas inferiores a 0,1 mm (100 μm) e muito frequentemente próximas aos diâmetros médios das partículas, geralmente abaixo de 50 μm. O leito de pó na câmara de construção recebe um (ou mais) feixe de laser, que desenha um plano da peça, guiado por computador (CAD), fundindo apenas a região que fará parte da peça. Essa etapa do processo se repete camada a camada, de modo que a peça, ou as peças, é construída de baixo para cima. O laser é defletido no escâner X-Y e focado/direcionado pela lente F-θ. O excesso de pó é transferido para a câmara coletora, podendo ser reusado. Aquele pó não consolidado pelo laser será reaproveitado, depois de operações de pós-processamento e limpeza. A câmara de alimentação tem movimento ascendente, e a câmara de construção, que define a espessura da camada (distância entre camadas), movimento descendente. A câmara coletora pode acompanhar o movimento da câmara de construção, conforme ilustrado na Figura 6.8b.

O L-PBF não pode ser considerado, por um lado, como um processo que se caracteriza por elevadíssima produtividade; por outro, é bastante versátil, já que pode produzir, em uma única batelada, componentes totalmente diferentes em tamanho e formato. A produtividade vem aumentando com o uso de vários lasers e câmaras maiores. O uso de câmaras de fabricação tipo cartucho, intercambiáveis, vem também aumentando a produtividade, já que a limpeza e a retirada das peças impressas podem ser realizada enquanto outro lote vai sendo impresso.

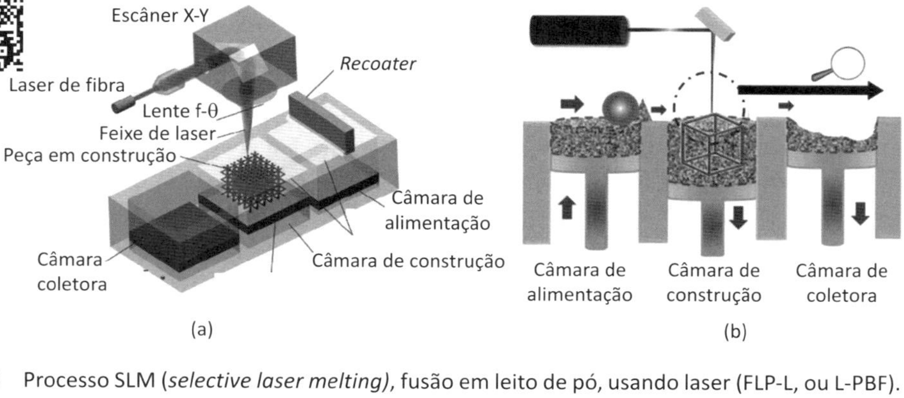

Figura 6.8 Processo SLM (*selective laser melting)*, fusão em leito de pó, usando laser (FLP-L, ou L-PBF). Em uma vista tridimensional (a), e em um corte lateral (b).

Como o laser será usado em alguns dos principais processos de manufatura aditiva, convêm algumas palavras a respeito. Primeiramente, a palavra "laser" é formada pelas iniciais de *Light Amplification of Stimulated Emission of Radiation*, ou seja, a radiação estimula a matéria, emitindo luz amplificada. A luz de um laser é monocromática, coerente, altamente direcional e pode ser focalizada em uma região muito pequena. Monocromática significa que toda luz produzida pelo laser tem um único comprimento de onda, diferentemente da luz branca, para a qual o comprimento de onda varia de 400 a 700 nm (700 nanômetros). Ser direcional significa que o feixe de laser tem baixíssima divergência, o que não ocorre, por exemplo, com uma luz incandescente, que se espalha em várias direções, perdendo intensidade rapidamente na medida que se afasta da fonte.

A Figura 6.9 procura ilustrar o exposto no parágrafo anterior, considerando como sensor hipotético das fontes, lâmpada incandescente ou laser, o olho humano colocado a um metro de distância para cada uma das fontes. A intensidade por metro quadrado, no fundo do olho, a um metro de distância, é 10^8 vezes maior no laser que para a luz incandescente.

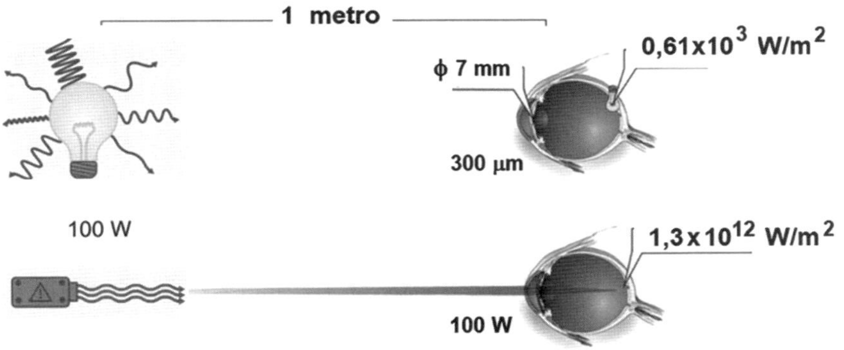

Figura 6.9 Comparação do efeito de uma luz incandescente no que se refere à perda de intensidade com a distância.

No âmbito da impressão 3D para metais, dois tipos de lasers são mais comuns: o laser de CO_2 e o laser de estado sólido, popularmente chamado de laser de fibra. O laser de CO_2 opera "oticamente", por meio de uma combinação de eletricidade, espelhos e gás CO_2, gerando uma luz direcionada com comprimento de onda de aproximadamente 10 μm. Por outro lado, no laser de estado sólido (fibra), discos contendo diversos materiais são estimulados, interagindo entre si, de modo a produzirem laser com comprimento de onda bem menor, da ordem de 1 μm. A Figura 6.10 procura ilustrar a interação de um feixe de laser com a matéria, que poderia ser, por exemplo um leito de pós metálicos. A figura considera transmissão reflexão e absorção. Transmissão e reflexão não participam ativamente do processo, como no corte, na solda, na gravação, na ablação e na sinterização, ou, como será discutido aqui, no caso dos processos diretos para manufatura aditiva envolvendo fusão a laser.

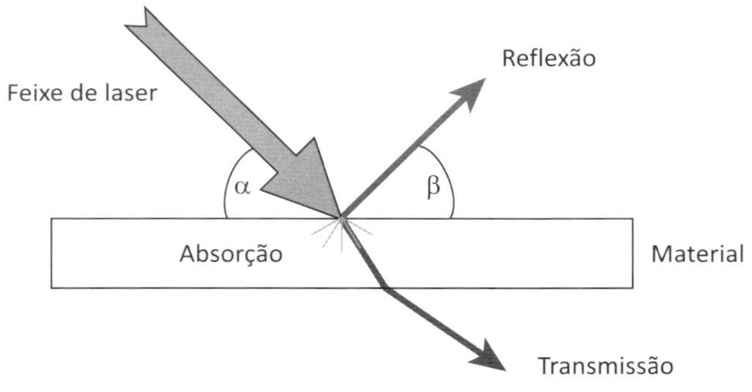

Figura 6.10 Interação do laser com a matéria, considerando-se os fenômenos de reflexão, transmissão e absorção.

A Figura 6.11 vai um pouco além no que se refere à interação do laser com a matéria – neste caso, um leito de pó, composto por partículas metálicas, apresentando fenômenos adicionais aos apresentados na Figura 6.10, como a evaporação (ou outras transformações de fase), a formação de uma poça (metal líquido) e aqueles relacionados com troca de calor, como radiação e condução.

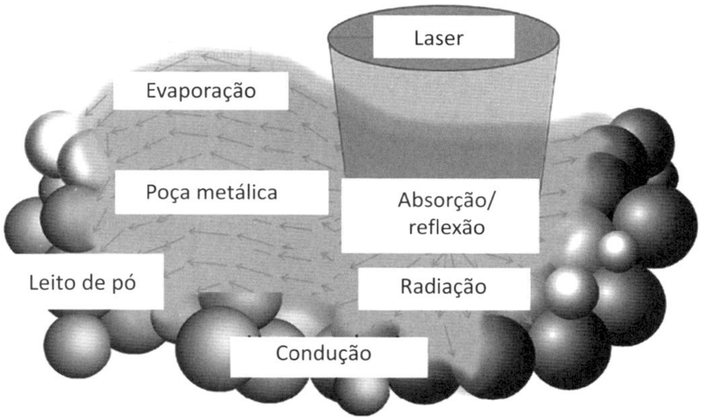

Figura 6.11 Interação do laser com um leito de pó metálico, considerando-se, adicionalmente, a presença de poça metálica, evaporação e troca de calor por radiação e condução.

Para metais, nos processos diretos, é comum o uso de laser de fibra, com potência que pode variar, grosseiramente, de 50 a 500 W. A Figura 6.12 apresenta a foto de um equipamento típico para SLM, ou fusão em leito de pó com laser (L-PBF). O custo do laser chega, hoje, a 30% do custo total de uma máquina como esta. Algumas delas possuem mais do que um laser. É de esperar que, com a popularização do processo de fusão em leito de pó usando laser, L-PBF, o custo deste venha a diminuir.

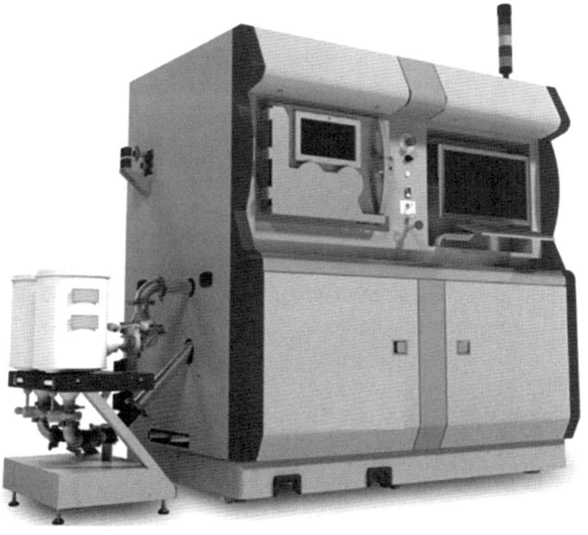

Figura 6.12 Foto de máquina SLM (*selective laser melting*), para fusão em leito de pó, usando laser (L-PBF).

A Figura 6.13 apresenta uma visão mais aproximada da construção de uma peça por fusão em leito de pó, depois de construídas (impressas) algumas camadas, ou seja, sobre uma porção de metal fundido e solidificado. Assim, nesse caso, o substrato passa a ser a camada do metal solidificado, que, em parte, pode passar por novo processo de fusão na camada mais próxima ao laser.

A poça de metal líquido apresentada na figura, resultado da "nova" fusão do pó, possui raio, r, maior que o do próprio feixe de laser, r_b, ou seja, $r > r_b$. A figura apresenta, ainda, considerações importantes, como a extração de calor aportado pela camada de pó já consolidada (retirada de calor). Mostra também que parte da camada já solidificada refundirá, produzindo uma poça de metal líquido ainda maior, de raio R. A altura do metal refundido, como mostrado na figura, é H.

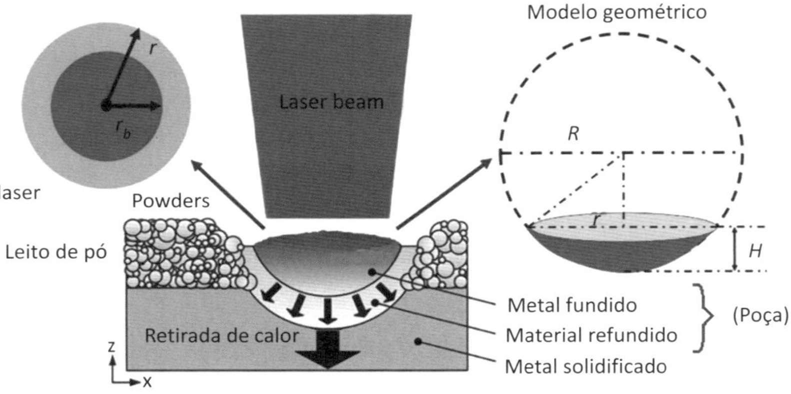

Figura 6.13 Processo SLM (*selective laser melting*) para fusão em leito de pó, usando laser (FLP-L), detalhando a formação da poça de metal líquido.

A Figura 6.14 avança na estimativa de potência específica entregue pelo laser, considerando-se a potência do laser, a velocidade com que ele caminha na camada de pó, a espessura da camada (distância entre camadas) e a distância entre filetes (trilhas, ou, em inglês, *hatch*). A distância entre trilhas pode ser "negativa", ou seja, por haver sobreposição de filetes, o que costuma ser denominado de *overlap*.

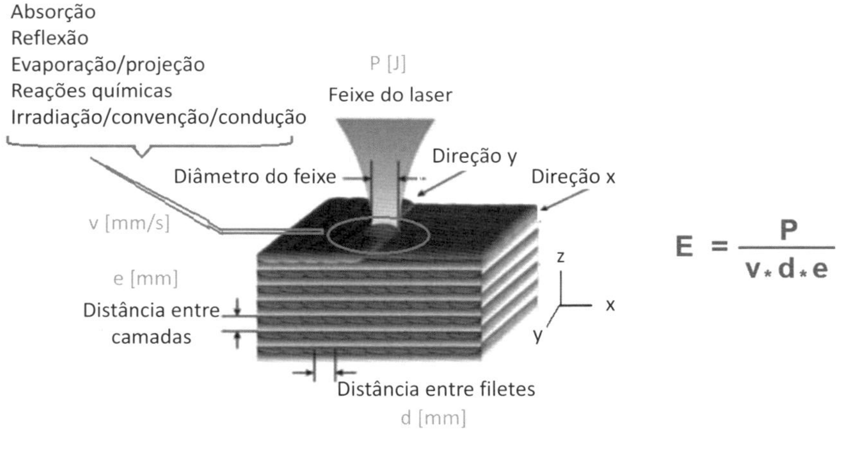

Figura 6.14 Processo SLM (*selective laser melting*) para fusão em leito de pó, usando laser (FLP-L), detalhando a formação da poça de metal líquido.

Um laser de fibra com uma potência (P) de 100 W (100J/s), numa velocidade (v) de 100 cm/s em uma camada (e) de 50 µm de um pó de aço inoxidável, com trilhas (filetes) espaçadas (d) em 50 µm "entrega", portanto, uma energia de 40 J/mm^3. Adicionalmente à Figura 6.14, apresentamos novamente a fórmula que relaciona energia com as variáveis do processo:

$$E = \frac{P}{v * d * e}$$

em que:

E = energia, ou densidade de energia, em J/mm^3;

P = potência, em W, do laser;

v = velocidade, em mm/s, do laser;

d = distância, em mm, entre filetes (trilhas);

e = distância, em mm, entre camadas.

Ocorre que o calor específico do aço inoxidável, nesse exemplo, que funde aproximadamente a 1.700 K, que é algo próximo a 500 J/ kgK, ou seja, considerando a densidade do inoxidável como 8 g/cm^3, precisaríamos de uma energia de apenas 4 J/mm^3, ou seja, um décimo do entregue pelo laser nas condições descritas, condições estas próximas de condições operacionais típicas. A energia efetivamente entregue ao metal dependerá de vários aspectos físicos. Podemos ficar com a aproximação grosseira de que apenas 10% da energia gerada pelo laser é absorvida. Além da absorção, muito é refletido, assim como consumido em outros fenômenos, como evaporação, reações químicas, projeção etc.

Existem várias estratégias de varredura, e estas têm impacto relevante na microestrutura obtida, já que afetam fundamentalmente o ciclo térmico a que diferentes regiões da peça em construção são submetidas. Muitos dos metais e ligas metálicas são sensíveis à taxa de resfriamento, por exemplo.

A Figura 6.15 apresenta aspectos quanto à estratégia de varredura, ou seja, como o feixe de laser percorre o leito de pó. Na Figura 6.15a, é apresentada a estratégia mais simples, na qual o feixe de laser percorre linhas antiparalelas (direção de varredura) com uma única direção de impressão (eixo y). Na Figura 6.15b, a impressão é em ilhas, com uma distância entre elas, e, neste caso com trilhas paralelas. Na Figura 6.15c, a impressão é mais aleatória, com ilhas sendo varridas de diferentes maneiras.

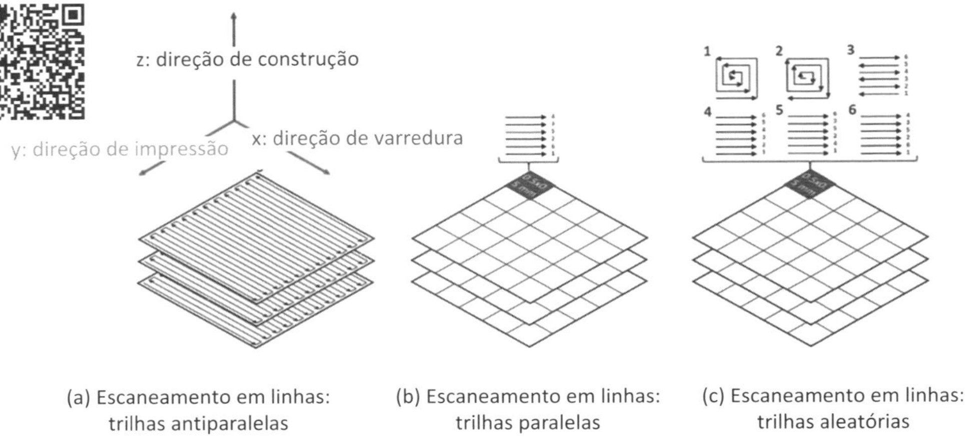

Figura 6.15 Estratégias de impressão: a varredura é em linhas antiparalelas, o laser vai e volta (a); o escaneamento é em ilhas com varredura paralela (b); o escaneamento é em ilhas, mas com varredura aleatória, como se ilustra de 1 a 6 sobre a imagem (c).

Processos diretos de impressão 3D são, em muitos aspectos, similares aos processos de soldagem. Em ambos os casos, observamos "cordões de solda". No caso de processos L-PBF (FLP-L), o aspecto para estes "cordões" vai depender de variáveis de processo, como ilustrado na Figura 6.16. A continuidade do "cordão, desejável para uma boa impressão, depende da energia absorvida, sendo maior, quanto menor a velocidade (Figura 6.16a), menor a distância entre camadas (Figura 6.16c) e maior a potência do laser (Figura 6.16b). Se a energia absorvida pelo leito de pó não for suficiente para promover a fusão, defeitos denominados de *balling* podem ocorrer. Aspecto semelhante pode ocorrer também pela projeção de gotas durante a passagem do laser.

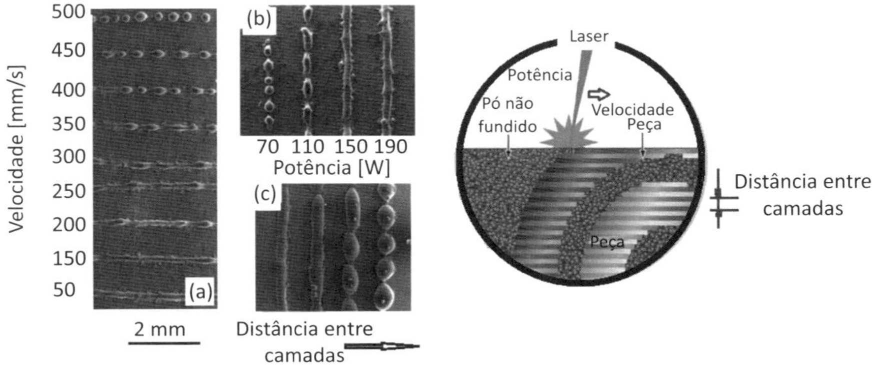

Figura 6.16 Imagens para trilhas em processo FLP-L considerando variáveis, como velocidade (a), potência (b) e distância (c) entre camadas. Descontinuidades nas trilhas (*balling*) são decorrentes de falta de energia absorvida.

A Figura 6.17 apresenta micrografia óptica para uma região contendo algumas trilhas, na seção transversal, para uma liga IN718 produzida por L-PBF. A taxa de solidificação em processos de MA é extremamente elevada, de modo que o resfriamento (solidificação), dependendo da estratégia de impressão, ocorre a 10^5–10^6 °C/s. Solidificações rápidas em camadas sucessivas, o que pode ser prejudicial em termos de desempenho em condições de operação, produzem uma microestrutura como a apresentada na Figura 6.17. Na micrografia, seção transversal como em 6.17b, é possível visualizar os contornos das trilhas que se "empilham" umas sobre as outras. Na Figura 6.17c, vemos uma simulação da solidificação, considerando-se crescimento dendrítico do sólido em uma poça de metal.

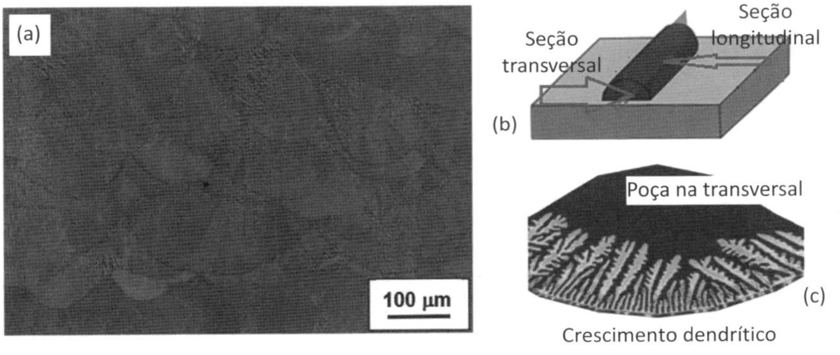

Figura 6.17 Micrografia óptica da seção transversal de uma trilha (L-PBF) de um INCONEL (IN718) (a); identificação das seções segundo trilha (b), e simulação da solidificação na trilha (c).

Como já comentado, na passagem do laser há refusão do substrato, ou seja, da camada consolidada na passagem anterior do laser. A estrutura típica de solidificação, nesse caso, é composta de dendritas, muito finas, visíveis em algumas regiões da micrografia, e ilustradas na Figura 6.17c, imagem de modelamento da solidificação na poça. Alguma porosidade pode ocorrer, não só pela "falta de energia", mas pela contração decorrente da solidificação, comum em metais e ligas, como pode ser visualizado no meio da Figura 6.17a.

Como em peças metálicas produzidas por fundição, ou mesmo em cordões de solda, os processos de MA que envolvem fusão, com o L-PBF, podem induzir defeitos de várias naturezas. Um exemplo é a presença de porosidade, como apresentado na Figura 6.18, para um aço inoxidável 316L, decorrente de uma fusão incipiente, muito provavelmente devido à baixa potência do laser. Fica claro na Figura 6.18 que, com o aumento da potência do laser, a incidência de porosidade diminui drasticamente.

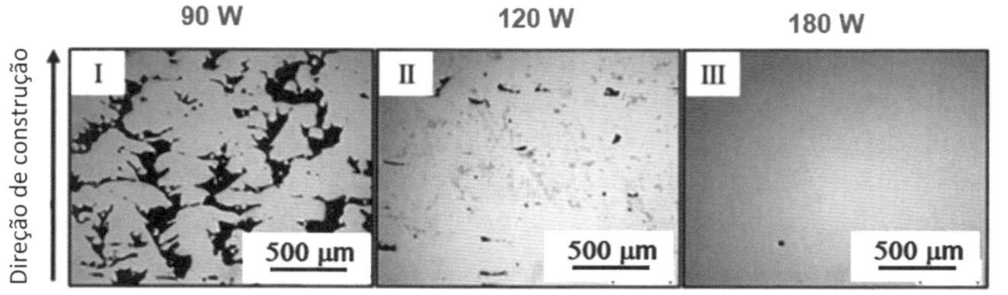

Figura 6.18 Micrografias ópticas da seção transversal de aço inoxidável 316L produzido por fusão em leito de pó (L-PBF) considerando três diferentes potências do laser, sendo mesmas as demais variáveis.

A Figura 6.19 compara, para o mesmo material, porosidades induzidas por fusão incipiente com aquelas decorrentes de aprisionamento de gases. Estas, induzidas por gás, são, muitas vezes, perfeitamente arredondadas.

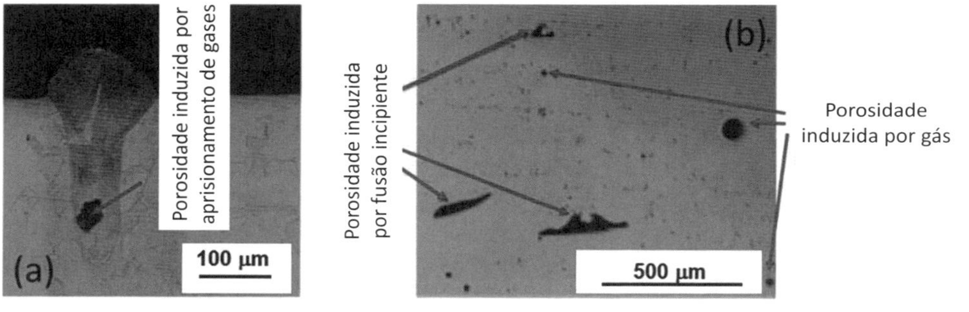

Figura 6.19 Micrografias ópticas da seção transversal de aço inoxidável 316L produzido por fusão em leito de pó (PBF-L). Comparação entre porosidade decorrente de aprisionamento de gases (a) com porosidade induzida por fusão incipiente (b).

6.2.2 O PROCESSO FUSÃO EM LEITO DE PÓ – *ELECTRON BEAM* (FLP-FE)

O processo de fusão em leito de pó, usando feixe de elétrons (PBF-EB) em vez de laser, é um pouco mais complexo em termos operacionais e, da mesma forma, em aspectos construtivos, se comparado com o L-PBF. No mais, ambos são muito parecidos, ou seja, há transferência de energia para um leito de pó, de modo que peças sejam construídas de baixo para cima, com o auxílio de fusão. A Figura 6.20 ilustra o processo. Camadas de pó são transferidas e niveladas por um espalhador (*recoater*), e um feixe de elétrons funde regiões de acordo com o comandado pela interface CAD.

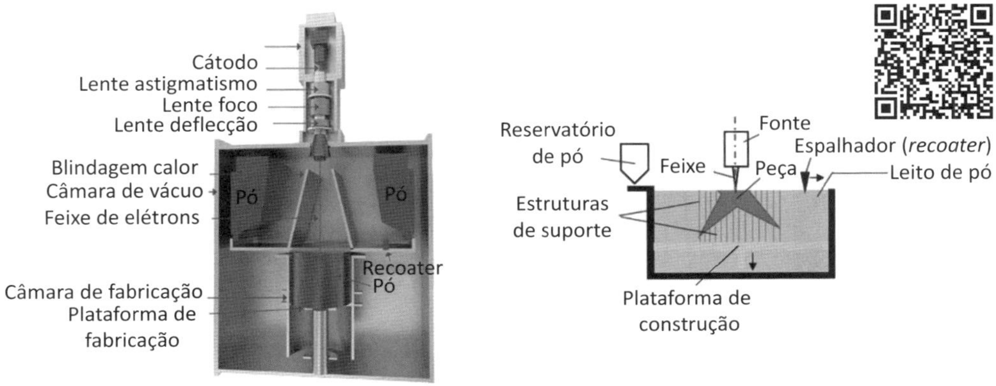

Figura 6.20 Processo direto de impressão 3D denominado de fusão em leito de pó por feixe de elétrons – FLP-FE, ou, em inglês, PBF-EB.

Dependendo do projeto/peça, e da mesma forma que para L-PBF, estruturas de suporte são necessárias para sustentar as peças em construção, como ilustrado na Figura 6.20 e detalhado na Figura 6.21. Observa-se que, a partir de uma inclinação de 45º, estruturas de suporte são necessárias para sustentação do "vão livre", e sem elas há comprometimento da qualidade e precisão dimensional, como ilustrado na figura. É possível observar que a partir de 30º, a parte da peça não suportada por estruturas de suporte não foi impressa adequadamente.

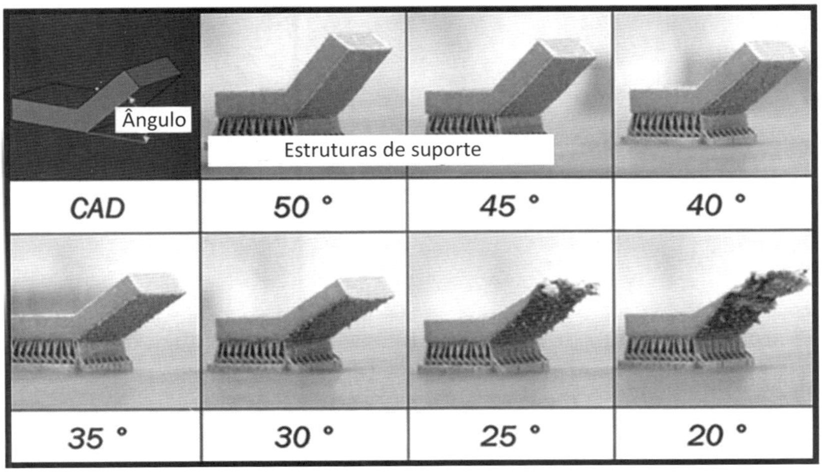

Figura 6.21 Imagens ilustrando a relação entre o ângulo de construção e a necessidade de usar estruturas de suporte, considerando processos PBF, com laser ou feixe de elétrons.

A Figura 6.22 apresenta a foto de um equipamento típico para impressão 3D de metais pelo processo da fusão em leito de pó, por feixe de elétrons (PBF-FE). Esse processo também é conhecido por EBM (*electron beam melting*).

Figura 6.22 Equipamento típico para impressão 3D de metais pelo processo da fusão em leito de pó, por feixe de elétrons (PBF-FE).

A Figura 6.23 apresenta micrografias para liga à base de níquel, INCONEL (IN718), produzida por PBF-EB (*powder bed fusion – electron beam*). Como mostra a figura, dependendo das condições de fabricação, a estrutura pode ser preponderantemente colunar (Figura 6.23a), mista (Figura 6.23b) ou equiaxial (Figura 6.23c). As condições de solidificação, gradiente térmico e velocidade de solidificação dependem principalmente da energia absorvida pelas camadas de pó, que, por sua vez, dependem de variáveis, como distância entre trilhas, distância entre camadas e velocidade de feixe de elétrons.

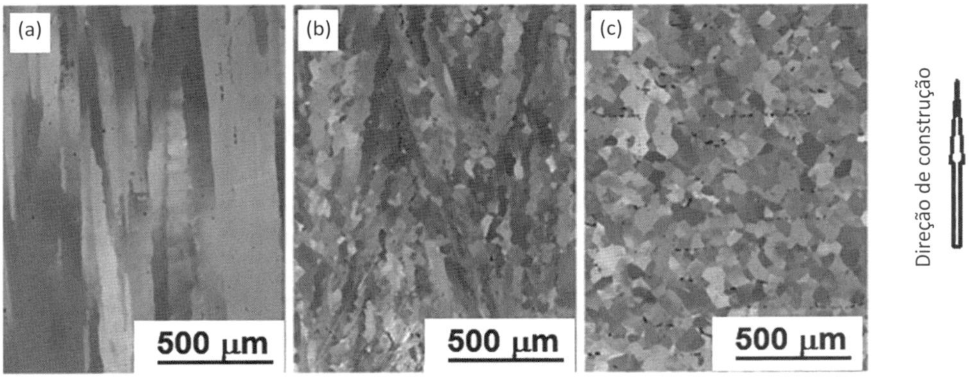

Figura 6.23 Micrografias para liga à base de níquel, INCONEL (IN718), produzida por EBM, ou PBF-EB (*powder bed fusion – electron beam*). Efeito da variação de parâmetro produzindo em estrutura colunar (a), mista (b), e preponderantemente equiaxial (c).

Um aspecto a ser considerado, decorrente de processos de solidificações de ligas metálicas, é a heterogeneidade microestrutural em termos de composição química (segregação). A Figura 6.24 apresenta micrografia de seção transversal para liga TI-6Al-4V produzida por PBF-EB (FLP-FE) e análise química *in situ* por dispersão de energia para Ti e Al. Segregação é comum em ligas brutas de solidificação.

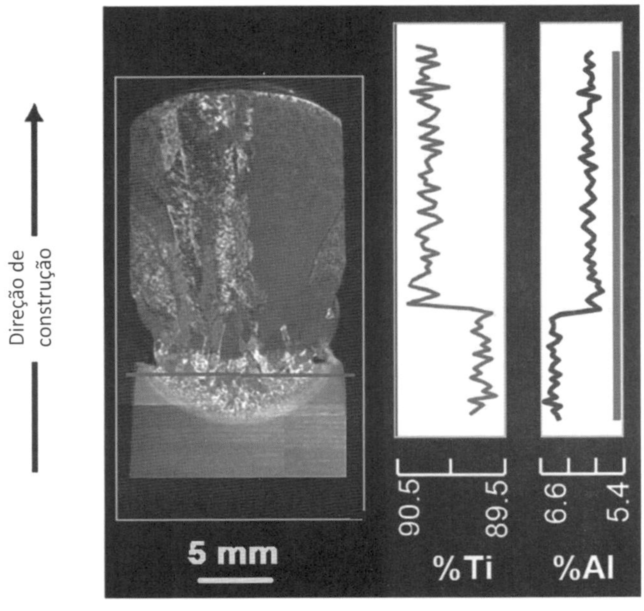

Figura 6.24 Micrografia de seção transversal para liga TI-6Al-4V produzida por PBF-EB (FLP-FE) e análise química por dispersão de energia para teores de Ti e Al.

6.2.3 DEPOSIÇÃO DIRETA DE ENERGIA (DDE)

Os processos de deposição direta de energia são ainda mais parecidos com os utilizados para soldagem e para revestimento por aspersão térmica (metalização). A Figura 6.25 procura ilustrar os principais processos de MA, diretos, com deposição direta de energia (DDE), ou *direct energy deposision* (DED). No caso de plasma (Figura 6.25b) e feixe de laser (Figura 6.25c), um bocal cônico é usado para alimentar o leito de pó, que é fundido imediatamente. Tudo se passa como se um cordão de solda se movimentasse nas três direções, x, y e z. No caso de feixe de elétrons (Figura 6.25a), pó também pode ser usado, mas a figura ilustra alimentação por arame, como em um eletrodo de solda, fazendo com que o processo seja uma combinação de fusão por feixe de elétrons com solda TIG. A Figura 6.25d apresenta aspecto de pré-forma produzida por deposição direta, com aspectos de cordões de solda sobrepostos.

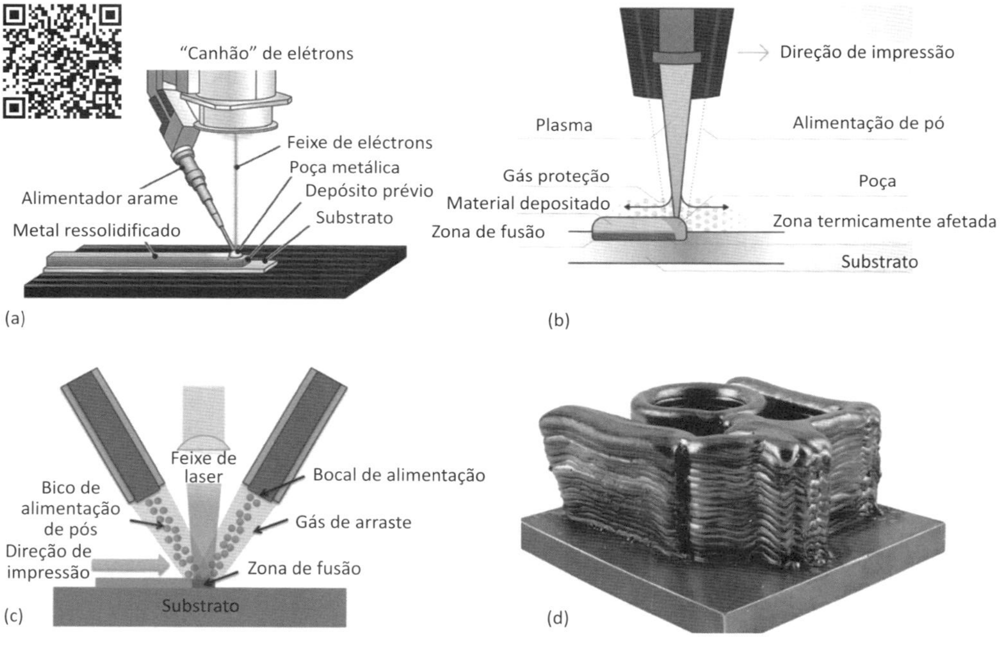

Figura 6.25 Principais processos de manufatura aditiva por deposição direta de energia (DDE).

Da mesma forma que para um cordão de solda, e independentemente da fonte de energia ou da natureza do metal (pó ou arame), o que se tem na construção de peças por impressão 3D por DDE é o que se pode ver na Figura 6.26, que apresenta uma ilustração para uma trilha (filete ou cordão) que caminha da esquerda para a direita. Na poça, metal líquido decorrente da fonte de calor, da direita para a esquerda temos a solidificação, uma zona fria e uma zona termicamente afetada. A fusão ocorre na frente da poça, enquanto a solidificação e resfriamento ocorrem lateralmente e no rastro da trilha, criando a zona de fusão (ZF) e a zona termicamente afetada (ZTA).

O bom entendimento desses eventos, particularmente fusão e solidificação, para processos de MA que envolvem deposição direta, é ferramenta fundamental para o estabelecimento de variáveis de processos adequadas para evitar defeitos e produzir uma microestrutura adequada para o desempenho esperado.

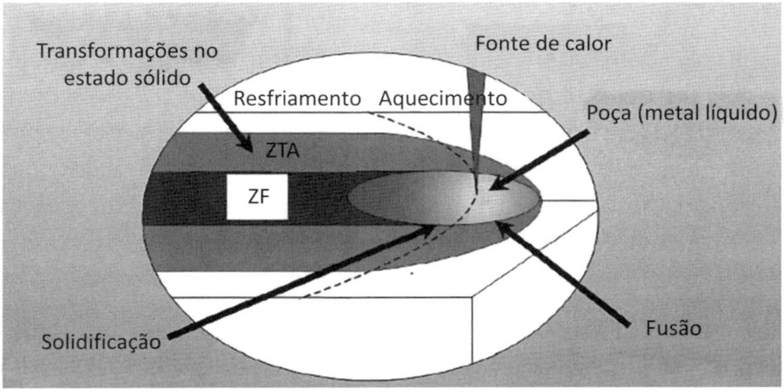

Figura 6.26 Ilustração para uma trilha (filete ou cordão), poça de metal líquido durante processos de deposição direta de energia (DDE).

As microestruturas da Figura 6.27 comparam um único passe (Figura 6.27a) com múltiplos passes (Figura 6.27a) de um feixe de elétrons em aço. Fica evidente que há refusão da camada que acabou de solidificar pelos sucessivos passes (Figura 6.27b) e pela presença exclusiva de grãos colunares. Na Figura 6.27a, vemos uma microestrutura típica bruta de solidificação, com grãos colunares, na região da trilha, e grãos equiaxiais à medida que nos afastamos dela. Toda a microestrutura da Figura 6.27, múltiplas passagens, é composta de grãos colunares, devido aos eventos sucessivos de fusão e solidificação.

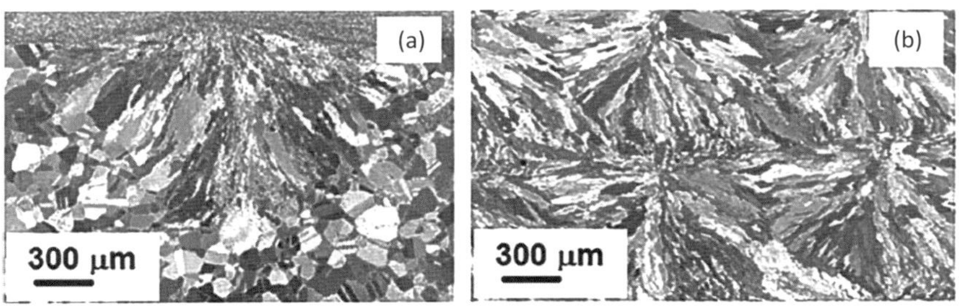

Figura 6.27 Imagem de microscopia eletrônica de varredura (EBSD) mostrando a microestrutura de solidificação para aço produzido com um único passe do feixe de elétrons (a), e com multicamadas DED-EB, com refusão sucessiva de camadas (b).

6.3 PROCESSOS INDIRETOS

Processos indiretos são aqueles em que não há fusão do metal durante a construção (impressão). O vínculo entre as partículas metálicas depende de um aglomerante orgânico e das condições e variáveis empregadas durante a impressão. Esse aglomerante é removido na etapa posterior à manufatura, antes da etapa de sinterização, ou mesmo durante o ciclo de sinterização.

Processos de MA indiretos demandam equipamentos de impressão mais simples que os usados para processos diretos, mas, por outro lado, requerem uma infraestrutura adequada para *debinding* (remoção do aglomerante/aglutinante) e sinterização. Para materiais metálicos para os quais uma estrutura bruta de solidificação pode comprometer o desempenho, processos indiretos são alternativas. Esses processos também são alternativa para aqueles materiais que são apenas possíveis por metalurgia do pó, como é o caso de metal duro e materiais porosos (mancais e filtros).

Discutiremos brevemente os seguintes processos indiretos, ilustrados na Figura 6.28: extrusão de material, geralmente um *feedstock*, na forma de grânulos ou filamento fortemente carregados (elevados teores) em pós metálicos; jateamento de aglutinante (aglomerante) entre camadas sucessivas de pós metálicos; e sinterização/fusão em leito de pó, um processo híbrido que combina L-PBF com MIM (*metal injection molding*), que podemos chamar de "sinterização indireta e seletiva a laser".

Figura 6.28 Processos indiretos para impressão 3D de metais.

6.3.1 O PROCESSO FDM (FFF) PARA METAIS

Trata-se de um processo que envolve extrusão de material, filamento ou grânulos. A produção de metais usando filamento, por *fused deposition modeling* (FDM), é relativamente recente e baseia-se no grande sucesso alcançado, neste processo, na produção de peças de materiais termoplásticos. Para metais, o processo combina o que já foi desenvolvido no passado para o processo de moldagem de pós por injeção (MPI), *metal injection molding* (MIM), com FDM. O termo FDM tem o mesmo significado que o denominado por *fused filament fabrication* (FFF), e é a deposição, camada a camada de um filamento.

No caso de "filamentos metálicos" (combinação de partículas metálicas com termoplástico), um bico imprime digitalmente, por meio de movimento nos três eixos X-Y-Z, componentes modelados digitalmente. Após a impressão, quando o impresso é composto de metal e materiais orgânicos, há a necessidade de se realizar um tratamento térmico, ou termoquímico, para remoção desta parte orgânica. A etapa final é uma sinterização, normalmente em alta temperatura.

A Figura 6.29 ilustra o processo de impressão FDM (ou FFF) para metais. Um filamento flexível, contendo elevada concentração de partículas metálicas (concentração maior do que 60% em volume) alimenta um bico aquecido. A peça produzida por impressão é, nesse momento, é um material composto de matriz polimérica. A impressão se dá pelo movimento em três eixos, da plataforma, do bico, ou de ambos. É um processo FDM similar ao que vem sendo aplicado para poliácido lático (PLA), por exemplo, sendo a diferença, a natureza do filamento.

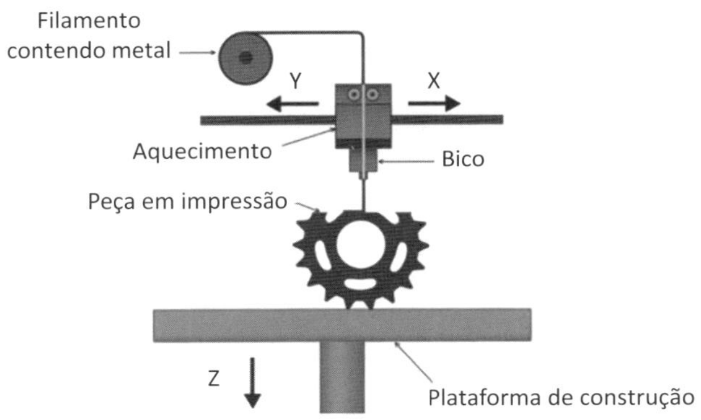

Figura 6.29 Processo FDM para impressão 3D de metais, usando filamento carregado em pó metálico.

A Figura 6.30 apresenta micrografias ópticas das seções longitudinal e transversal de filamento carregado em partículas de aço inoxidável. O pó é similar ao usado na manufatura aditiva direta, PBF-L, composto de partículas esféricas, provavelmente atomizadas a gás, com tamanho *sub-sieve*, menor que 325# (44 μm). O filamento é flexível mesmo contendo uma grande fração de partículas metálicas.

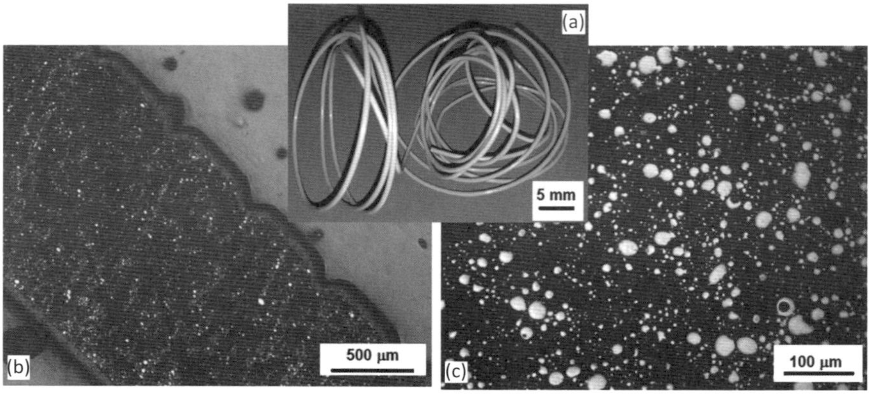

Figura 6.30 Filamento comercial para produção de peças em aço inoxidável (a). Micrografias ópticas do filamento, das seções longitudinal (b) e transversal da transversal (c).

A Figura 6.31 apresenta o processo completo para produção de peças metálicas por FDM, a partir de filamentos, como o da Figura 6.30. Após a impressão, as etapas são as mesmas que as empregadas em moldagem de pós por injeção e envolvem *debinding* (remoção dos aglomerantes) e sinterização, geralmente em forno a vácuo, em alta temperatura. A Figura 6.32 apresenta fotos de peças produzidas por FFF a partir dos filamentos apresentados na Figura 6.30, que seguiram a rota descrita na Figura 6.31: impressão, *debinding* e sinterização. É um processo ainda em consolidação, e muitos aspectos relacionados com precisão dimensional e qualidade superficial devem ser melhorados.

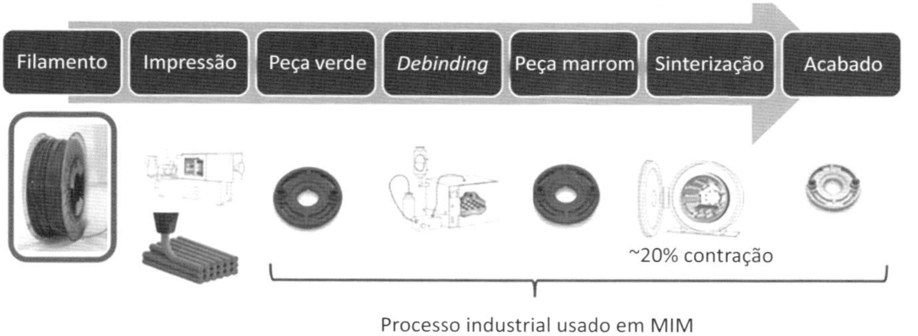

Figura 6.31 Processo de fabricação de metais por FDM, que, a partir da impressão, é similar aos processos de moldagem de pós por injeção MIM (*metal injection molding*).

Figura 6.32 Peças metálicas produzidas por FFF a partir de impressão com filamento, *debinding* e sinterização.

A obtenção de filamento carregado em até 60% em volume de pós metálicos, mantendo-se a flexibilidade, não é tarefa simples. Alternativa interessante é a extrusão direta de grânulos, como apresentado na Figura 6.33. Grânulos contendo aglomerantes orgânicos e partículas metálicas podem ser extrudados diretamente, camada a camada na plataforma de fabricação (construção). Dessa etapa em diante, o processo é similar ao FFF, com filamento. É um processo que pode ser aplicado a materiais cerâmicos ou materiais compostos CEM (*composite extrusion modeling*), principalmente para os quais a etapa de sinterização, em geral envolvendo líquido LPS (*liquid phase sintering*), é chave para evolução microestrutural desejada.

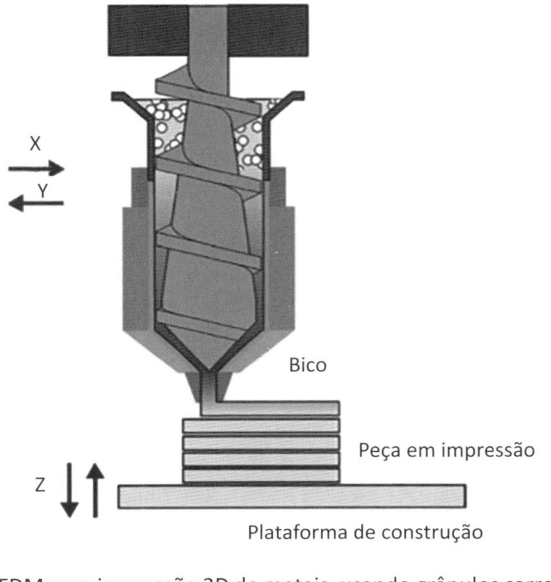

Figura 6.33 Processo FDM para impressão 3D de metais, usando grânulos carregados em pó metálico.

6.3.2 JATEAMENTO DE AGLOMERANTE – *BINDER JETTING*

A impressão 3D por *binder jet*, para produção de componentes metálicos, vem evoluindo, e algumas são as tecnologias disponíveis. A Figura 6.34 apresenta uma delas. Tem similaridade com o processo SLM, porém, no lugar do laser, uma cabeça de impressão, comandada eletronicamente, distribui um aglutinante segundo um modelo digital. Peças são produzidas camada a camada, de baixo para cima. Após a impressão, seguem-se as etapas de *debinding* e sinterização. A Figura 6.35 apresenta peças metálicas, recém-impressas pelo processo *binder jet*, ainda na câmara de fabricação. Na sequência, as peças serão separadas do pó, que será reutilizado, indo para as etapas de *debinding* e sinterização

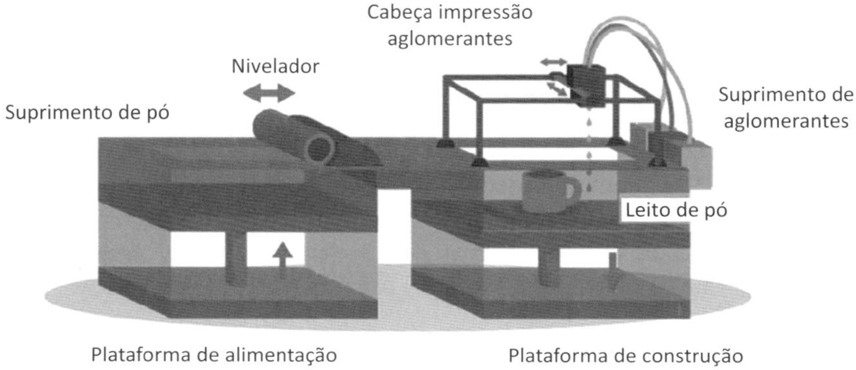

Figura 6.34 Processo *binder jet* (BJ) para impressão 3D de metais.

Figura 6.35 Peças metálicas logo após a impressão, ainda na câmara de fabricação, pelo processo *binder jet* (BJ).

6.3.3 SINTERIZAÇÃO SELETIVA A LASER

É um processo híbrido, que combina processos SLM com MIM, *selective laser melting* e *metal injection molding*. Pós metálicos são revestidos com aglomerantes, como misturas contendo poliamida, e classificados. Esse granulado composto alimenta uma máquina similar às SLM, porém, mais simples no que se refere ao laser, podendo ser de CO_2, e no controle da atmosfera, já que não haverá aquecimento significativo das partículas metálicas. A partir daí, é *debinding* e sinterização, como ilustrado na Figura 6.36.

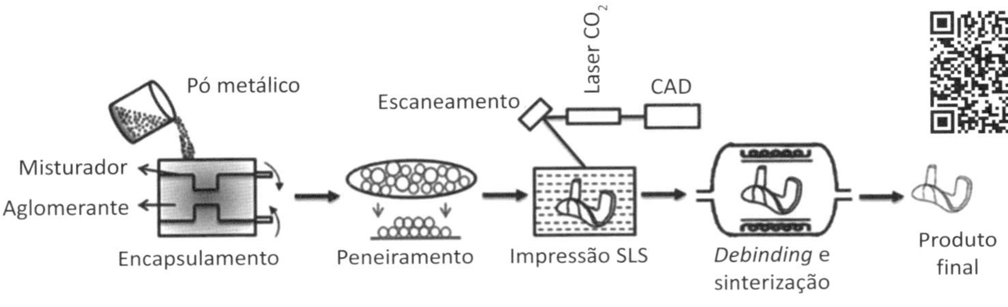

Figura 6.36 Processo de sinterização seletiva a laser para produção de peças metálicas.

A Figura 6.37 apresenta micrografia eletrônica para aço inoxidável produzido por sinterização indireta e seletiva a laser, no estado pré-sinterizado, para o qual todo o aglomerante orgânico foi removido, mas ainda muito poroso. É possível observar pequenos pescoços entre algumas partículas metálicas. A sinterização que se segue, leva o produto a uma densidade próxima da obtida para metais produzidos por MIM, superior a 98% da densidade relativa.

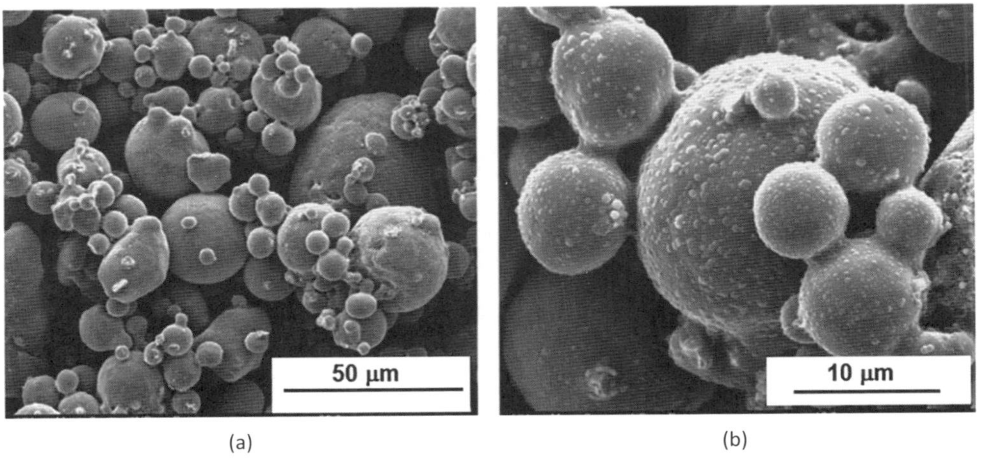

Figura 6.37 Micrografias eletrônicas para pré-sinterizado de aço inoxidável produzido por sinterização indireta (a) e seletiva a laser (b).

CAPÍTULO 7

Produtos produzidos por metalurgia do pó

Diversos são os produtos metálicos obtidos por metalurgia do pó, sejam conformados por compactação e sinterização, ou mesmo por algum outros dos outros processos que têm sido apresentados aqui. A escolha pela rota P/M pode envolver aspectos econômicos, mas, para certos produtos a P/M é rota única. São vários os produtos P/M, isso em termos de constituição (composição química) ou em termos de aplicações. Nem todos os produtos que começaremos a apresentar aqui são metálicos, como é o caso do metal duro, uma mistura de metais, como cobalto e níquel com carbonetos, como o carboneto de tungstênio.

A Figura 7.1 apresenta segmentação recente, para o mercado europeu, considerando produtos por volume de produção e um total de 235 toneladas, e pelo impacto econômico, 10,5 bilhões de euros anuais. Em volume de produção, o mercado ainda é fortemente dominado pelos "ferrosos estruturais", muito atrelados ao setor automotivo, com uma participação menor do segmento de eletrodomésticos. "Ferrosos estruturais" são basicamente aços ao carbono, com pequenas concentrações de outros elementos de liga, com densidade ao redor de 7,0 g/cm^3. É possível observar, ainda na Figura 7.1 que a segmentação do mercado em volume (toneladas por ano) diverge bem do apresentado em unidade financeira, euros por ano. Do ponto de vista econômico, alguns produtos ganham relevância, por possuírem maior valor agregado. A participação econômica para metal duro passa a ser maior, e mercados pequenos em volume, passam a ser muito mais relevantes, como os mercados para ferramentas diamantadas e para ímãs sinterizados.

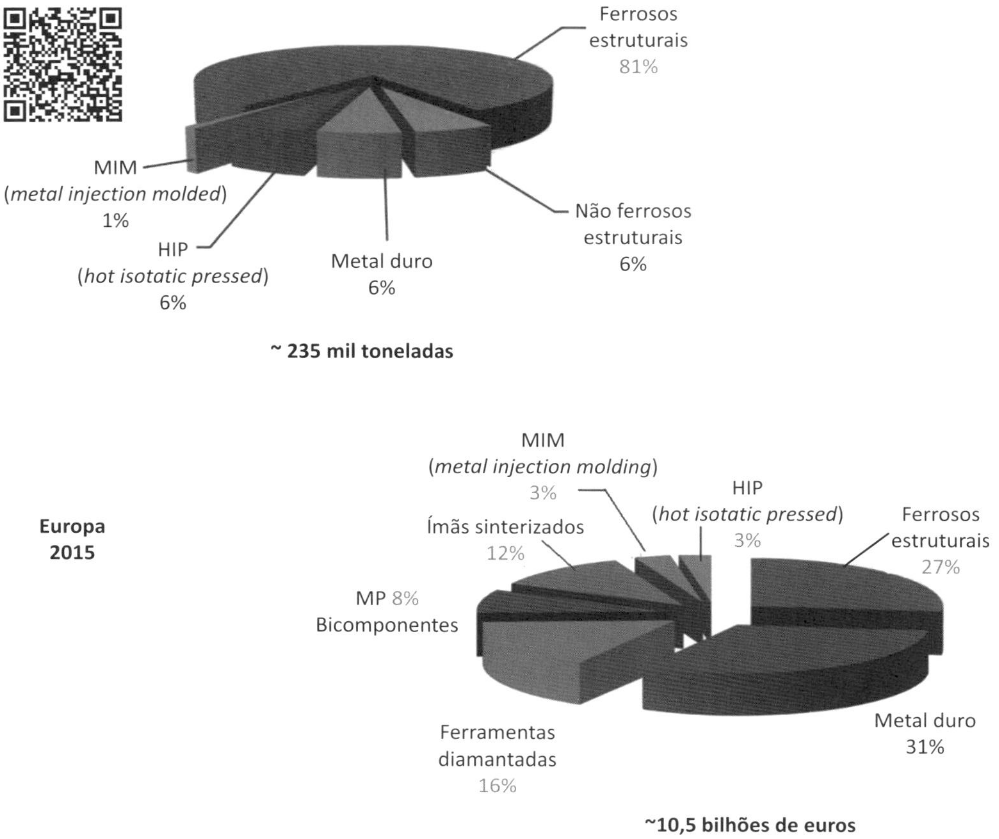

Figura 7.1 *Market share* europeu para os principais produtos sinterizados, em massa e em unidade financeira.

Produtos sinterizados ferrosos, principalmente aços usados pelo setor automotivo, vêm enfrentando uma "crise". Muitas das peças sinterizadas são engrenagens usadas em sistemas de transmissão. Com a entrada no mercado cada vez mais extensa dos carros híbridos e elétricos, essa aplicação tende a reduzir consideravelmente. Fabricantes de pós de ferro, principal matéria-prima para esses aços, também vêm enfrentando o desafio de encontrar novos mercados e aplicações.

O mercado para metal duro também deve sofrer um pouco com a migração dos motores a combustão para motores elétricos. Um grande mercado para metal duro é seu uso em ferramentas de usinagem, muitas das quais desenvolvidas e usadas pelo setor automotivo, baseado no motor a combustão.

Por outro lado, o mercado para ímãs, particularmente os ímãs de terras-raras, deve crescer consideravelmente, não só no que diz respeito a aplicações para os carros eletrificados, mas também em componentes para energias renováveis, como é o caso da energia eólica.

Ferramentas diamantadas nem sempre são metálicas, embora tenham na sua composição vários pós metálicos. Algumas delas usam como aglomerantes produtos orgânicos, sendo, portanto, materiais compostos de matriz polimérica. O metal duro também não deixa de ser um material composto de matriz metálica, como veremos.

A metalurgia do pó viabiliza a produção de peças bicomponentes, constituídas de materiais muito diferentes. Vários são os processos envolvendo pós metálicos, usados na produção de bicomponentes, como é o caso da "metalização", um conjunto de técnicas de revestimento que usam pós, de modo a combinar diferentes propriedades para diferentes regiões de uma mesma peça.

Existem vários nichos para materiais produzidos por metalurgia do pó que não estão destacados na Figura 7.1, como materiais elétricos (escovas e contatos elétricos); materiais porosos (mancais autolubrificantes e filtros sinterizados); materiais magneticamente moles (ligas Fe50Ni e Fe3Si); metal-pesado (*heavy alloys*), para aplicações em contatos elétricos e contrapeso; dentre outros.

Resumiremos a seguir alguns dos principais produtos sinterizados, seus processos de produção, suas propriedades e principais aplicações. Esses produtos usam a metalurgia do pó por questões econômicas, como é o aço sinterizado que atende ao setor automotivo, ou por questões relacionadas com viabilidades técnicas, como é o caso do metal duro, que só pode ser produzido a partir de misturas de pós que possuem características (propriedades) muito diferentes. Procuraremos dar uma visão geral para cada classe de produto de modo a vinculá-las ao que já foi apresentado em termos de produção e consolidação de pós.

7.1 AÇOS SINTERIZADOS

Como mencionado, aços sinterizados ainda constituem a classe mais relevante para o mercado de M/P, principalmente do ponto de vista de volume, e responsável pelo maior consumo de pós metálicos, como pós de ferro. Isso reside principalmente no consumo pelas indústrias automotivas (montadoras) e de autopeças, que vêm consumindo, nas últimas décadas, cada vez mais produtos sinterizados, na sua maioria aço sinterizado. A partir do final do século XX, o consumo de sinterizados para um veículo de passeio vem aumentando. Estima-se que esse consumo esteja entre 5 a 30 kg por veículo, dependendo muito do modelo do veículo e da origem do fabricante.

A Figura 7.2 apresenta a distribuição em massa dos principais materiais usados em um automóvel médio típico. Como já mencionado, isso tende a mudar com a substituição de parte dos carros com motores a combustão por aqueles cuja propulsão é com motor elétrico. Mesmo para automóveis convencionais, com motores a combustão, há uma tendência muito bem definida na redução de consumo de combustível, e a redução de peso já vem sendo considerada há algum tempo. Aços-carbono produzidos convencionalmente, na forma de chapas ou componentes diversos, são os mais amplamente empregados na fabricação de automóveis (médio – típico). Aços estruturais (baixa-liga) e ferros fundidos também têm grande aplicação para automóveis. Na sequência, com consumos menores, vem o alumínio, os plásticos borrachas e outros metais e ligas. Produtos sinterizados ficam neste último terço no que se refere ao consumo em massa pela indústria automotiva.

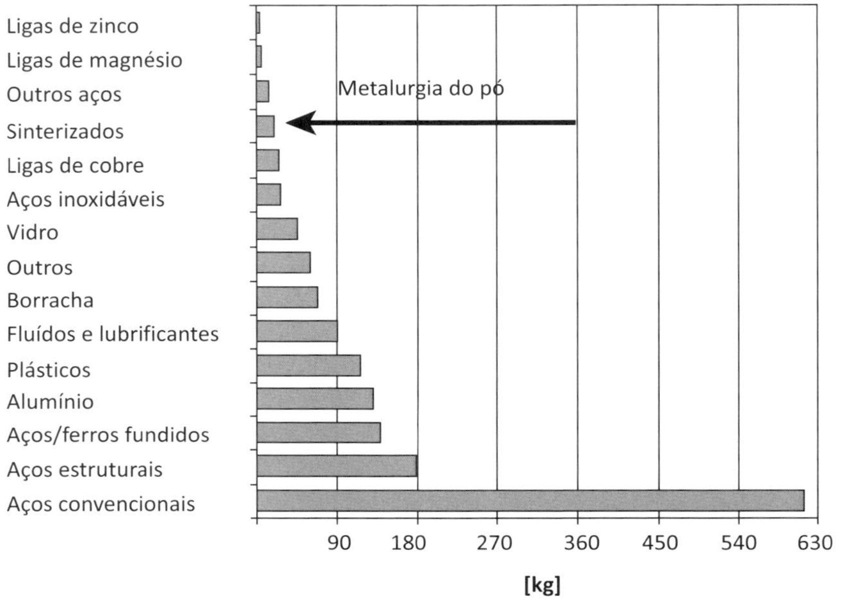

Figura 7.2 Distribuição de materiais, em massa, para um veículo médio típico.

Aços sinterizados, o que não inclui os aços inoxidáveis, são ligas basicamente constituídas de ferro, carbono, cobre e níquel. Um ou outro elemento de liga pode ser usado, como molibdênio, cromo e manganês. A Tabela 7.1 resume, em termos de classificação e composições químicas, as principais classes de aços sinterizados. Além de adições de carbono e níquel, comum nos aços convencionais, os sinterizados contam ainda com adição de cobre, que, em pequenas proporções (até cerca de 4,0%) tem como principal objetivo o acerto da variação dimensional, devido à formação de fase líquida transiente durante a sinterização. Concentrações maiores de cobre podem estar ligadas à adequação de propriedades tribológicas. O papel do níquel é o mesmo que o para aços convencionais: desenvolver microestruturas e propriedades específicas após operações de tratamentos térmicos.

Tabela 7.1 Principais classes de aços sinterizados segundo normas ASTMB310, ASTMB426, ASTMB222 e ASTMB484, considerando-se concentrações em massa dos principais elementos de liga.

Aço sinterizado	% C	% Ni	% Cu
Fe-C	0,3-0,6	–	–
Fe-Cu-C	0,3-1,0	–	1,5-22,0
Fe-Ni-Cu-C	0,3-0,9	1,0-8,0	2,0-10,5

Um primeiro aspecto a ser considerado no uso de aços sinterizados estruturais reside no efeito da porosidade nas propriedades mecânicas e no desempenho. Propriedades mecânicas para aços sinterizados são muito dependentes da densidade relativa, razão entre densidade do componente pela sua densidade teórica (máxima). A Figura 7.3 mostra que, quanto maior a densidade, maior a resistência mecânica e maior o alongamento. Efeito similar tem o carbono combinado. A figura apresenta o efeito combinado da densidade e do teor de carbono na tensão de ruptura, na tensão de escoamento, no alongamento e na resistência ao impacto.

Diferentemente de aços ao carbono convencionais, produzidos de maneira convencional, para os quais o carbono já está presente no aço líquido (aciaria), participando do processo de solidificação, nos sinterizados, o carbono é adicionado (misturado) ao pó de ferro, na forma elementar (grafite), de modo que a produção da liga (*alloying*) efetivamente se dê no aquecimento para sinterização. Dessa forma, dependendo da composição química e do ciclo de sinterização, pode haver carbono livre, o que pode ser desejável para algumas propriedades tribológicas.

A composição química do aço afeta sobremaneira as propriedades mecânicas, particularmente o teor de carbono, e mais especificamente o carbono combinado, aquele que altera a microestrutura do aço devido a formação de carbonetos. Além disso, a densidade também tem impacto importante nas propriedades mecânicas.

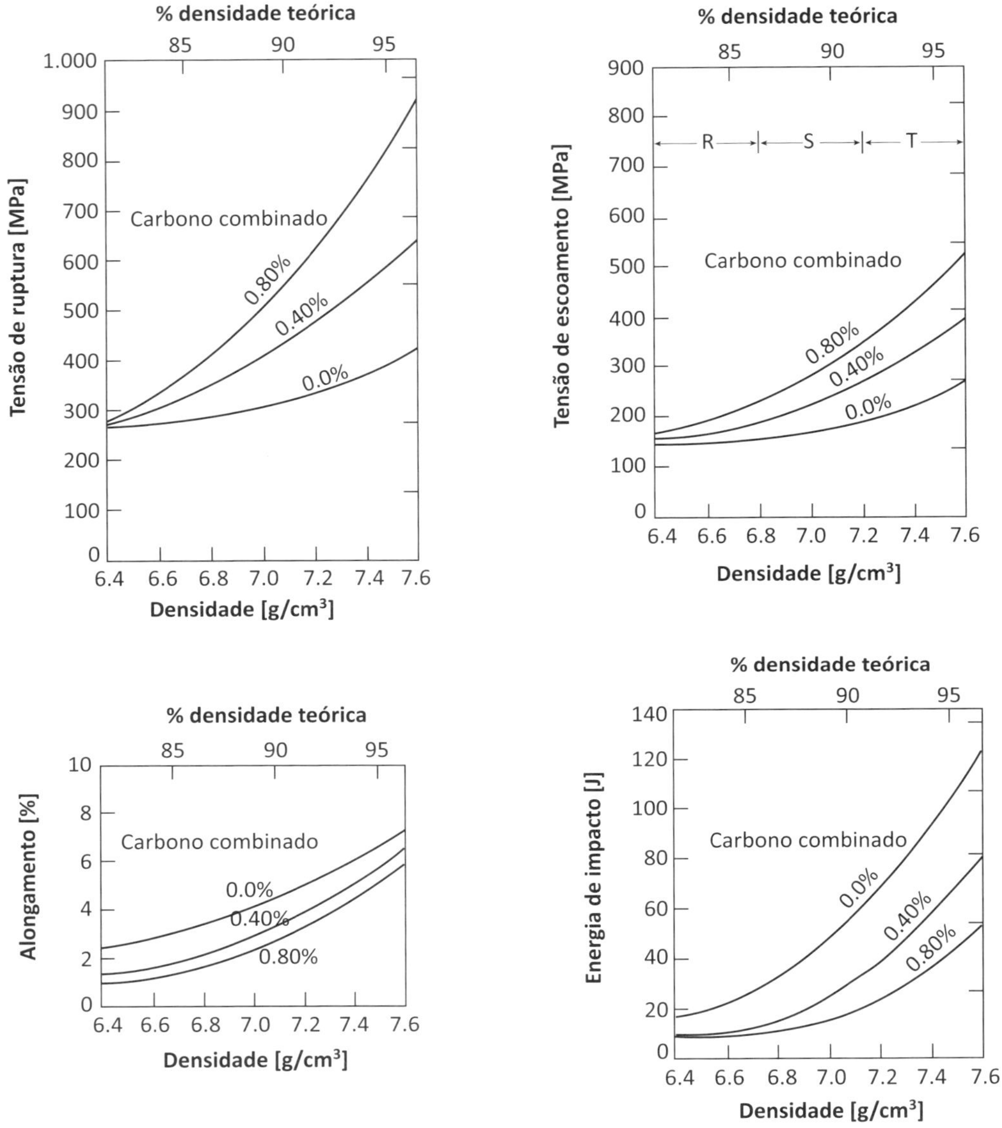

Figura 7.3 Efeito da densidade e do teor de carbono nas propriedades mecânicas de aço sinterizado.

A Figura 7.4 relaciona a combinação entre limite de escoamento e resistência ao impacto, considerando diferentes aços sinterizados com densidades próximas a 7,0 g/cm^3, neste caso incluindo o aço inoxidável. Os aços altamente ligados, com elementos de liga como o cromo e molibdênio, e tratados termicamente, são os que possuem maior resistência mecânica, traduzida pelo limite de escoamento. Tratamentos de infiltração, impregnação com liga de baixo ponto de fusão no estado líquido, podem proporcionar uma boa combinação entre resistência mecânica e resistência ao impacto. Uma impregnação (infiltração), geralmente com cobre, pode ser realizada visando ao aumento de resistência ao impacto sem perda do limite de escoamento, conforme pode ser verificado na Figura 7.4.

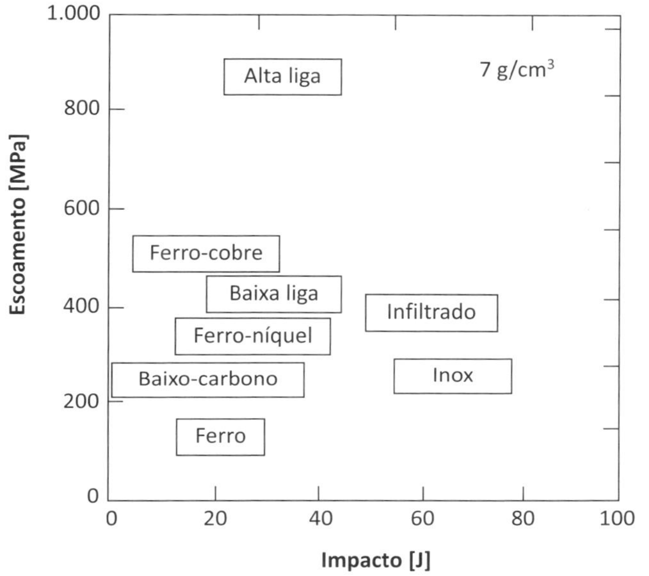

Figura 7.4 Relação entre propriedades mecânicas, limite de escoamento e resistência ao impacto, tendo em conta diferentes classes de aço sinterizado.

Aços sinterizados podem ser produzidos por diferentes rotas, considerando-se diferentes matérias-primas na forma de:

- pós elementares, como pós de ferro, cobre e carbono;
- pós pré-difundidos, que passaram por tratamento térmico para *alloying* de alguns elementos de liga;
- pós pré-ligados, como no caso de aço inoxidável, já que as partículas atomizadas já contêm cromo e níquel dissolvidos.

No caso dos pós elementares, misturas de ferro, cobre, carbono, níquel, Fe_3P, FeMn etc., são compactadas, e a sinterização tem como um dos objetivos o *alloying*, ou seja, a dissolução dos elementos de liga, ou mesmo a formação de outros constituintes microestruturais. É o método mais econômico de se produzir um aço-carbono sinterizado. Além disso, esse procedimento favorece a compressibilidade, já que grande parte da mistura é composta por pós de ferro de elevada pureza e altíssima compressibilidade. A homogeneidade química do sinterizado vai depender da difusividade dos elementos de liga e de propriedades físicas dos pós, como granulometria e superfície específica. Como mencionado, a compressibilidade desse tipo de matéria-prima costuma ser muito boa, já que pode contar com a elevada compressibilidade dos pós de ferro atomizados ou reduzidos.

Nos pós pré-difundidos, os elementos de liga são parcialmente difundidos entre si e no pó de ferro, o que melhora a homogeneização microestrutural após a sinterização, sem comprometer muito a compressibilidade, devido ao endurecimento por solução sólida. Sinterizados produzidos com pós pré-difundidos podem desenvolver uma microestrutura parcialmente homogênea, combinando elevada resistência mecânica com bom alongamento e boa resistência ao impacto. Uma microestrutura típica de aço sinterizado produzido com pó pré-difundido é apresentada na Figura 7.5. Observa-se a presença de poros, ferrita (com níquel em solução), perlita fina, e martensita/bainita.

Nos pós pré-ligados, os elementos de liga são adicionados durante a atomização. São usados em peças estruturais de alta performance. Pequenas concentrações de elementos de liga, como molibdênio, manganês e níquel, são adicionados neste caso. Alguns pós são classicamente pré-ligados, como é o caso dos pós de aço inoxidável, particularmente os austeníticos, das classes 300, 304 ou 316, por exemplo.

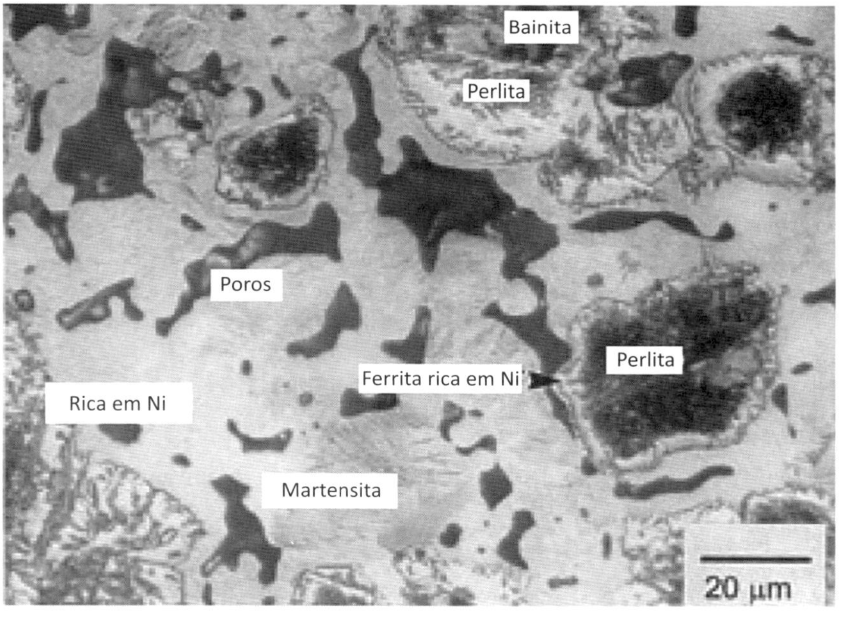

Figura 7.5 Microestrutura de aço baixa liga sinterizado.

A Figura 7.6 apresenta um fluxograma geral do processo de fabricação de aços sinterizados. A rota mais comum passa por compactação uniaxial a frio, seguida de sinterização em forno contínuo, normalmente de esteira, sob atmosfera com baixo potencial de oxigênio, contendo, com frequência, hidrogênio. Lubrificantes sólidos, geralmente orgânicos, como ceras, são adicionados à mistura, para reduzir atritos, com a ferramenta de compactação e entre as partículas. A mistura, via de regra, é realizada a seco, em misturados como o tipo V.

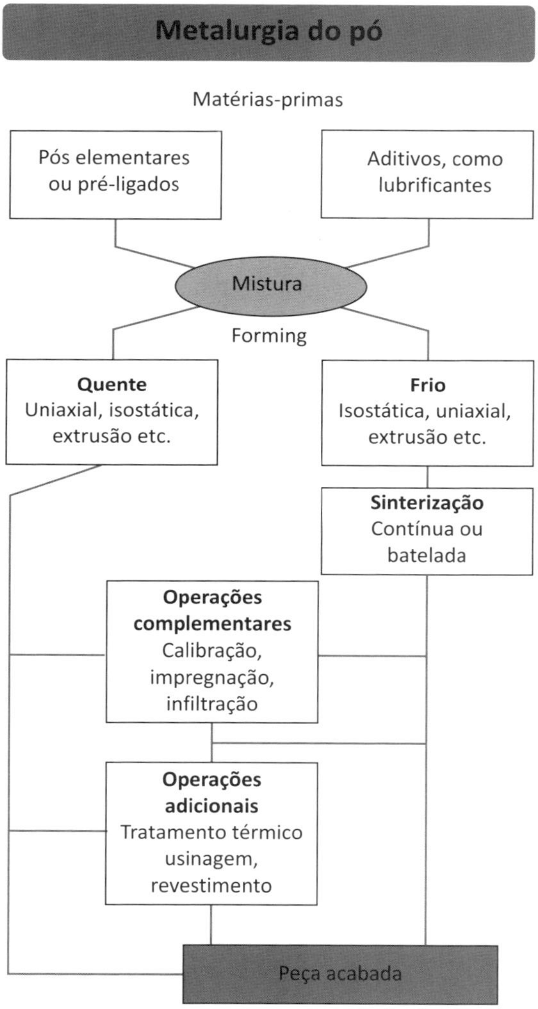

Figura 7.6 Fluxograma genérico para produção de aço sinterizado.

Operações complementares e adicionais podem ser necessárias. Calibração, para acerto dimensional, é bem frequente, da mesma forma que revestimento por oxidação controlada ("ferrox"). Se têmpera for necessária, pode ser realizada no próprio forno contínuo para sinterização, por meio do processo de *sinter-hardening*. Etapa adicional de forjamento, após sinterização, pode ser empregada para peças mais exigidas mecanicamente.

A Figura 7.7 apresenta alguns exemplos de peças sinterizadas em aço-carbono. São peças de diferentes graus de complexidade, mas a simetria é condição necessária para compactação. Muitas das engrenagens, particularmente as utilizadas pelo setor automotivo, são produzidas por metalurgia do pó. Algumas dessas peças foram obtidas por brasagem de dois ou mais componentes sinterizados.

Figura 7.7 Exemplos de peças sinterizadas em aço-carbono.

Não é incomum a substituição de componentes produzidos por outros processos, como fundição, forjamento e usinagem, por peças sinterizadas. Assim, os desenhos devem ser adaptados às limitações do processo, principalmente no que se refere à compactação. Embora possível, o torneamento de peças verdes, apenas compactadas, para adequação ao desenho, não é desejável, principalmente pelo impacto na produtividade.

Algumas das engrenagens apresentadas na Figura 7.7 são helicoidais. Isso é possível pelo movimento rotativo das punções durante a compactação uniaxial. Se, normalmente, uma ferramenta convencional para compactação exige expertise, uma para produção de engrenagens helicoidais exigirá ainda mais, em termos de resistência mecânica, precisão dimensional e acabamento. Além da ferramenta de compactação, prensas mais sofisticadas devem ser usadas no caso de compactados mais complexos.

7.2 METAL DURO

O metal duro, junto com os aços, é um dos mais importantes produtos sinterizados. É constituído de pelo menos um composto duro, em geral um carboneto, e uma matriz que funciona como "aglomerante". O composto duro é, muito comumente, o carboneto de tungstênio, WC, e o aglomerante, muitas vezes, é o cobalto. Alternativas quanto ao tipo de carboneto, como carboneto de titânio (TiC), ou mesmo de nióbio (NbC) podem ser empregadas. Quando ao *binder* (aglomerante), níquel ou mesmo misturas de níquel e cobalto vêm sendo usados.

O metal duro baseado no sistema WC-Co é, sem dúvida, o mais utilizado. A presença do aglomerante se dá por duas razões: melhorar a sinterização (densificação), pela presença de fase líquida, e aumentar a tenacidade à fratura do produto. O desejável, do ponto de vista microestrutural, é que as partículas de carboneto sejam encapsuladas pelo cobalto, de modo que a matriz de cobalto interrompa a propagação de uma eventual trinca originada nos carbonetos, que são muito duros, mas frágeis.

Embora seja curta sua história, tendo cerca de 100 anos a primeira patente, os materiais que constituem o metal duro são conhecidos há alguns séculos. O tungstênio e o metal duro fazem parte da história da metalurgia e, particularmente, da metalurgia do pó.

O tungstênio (W) forma com o carbono o carboneto de tungstênio (WC), composto de elevada dureza, que pode ultrapassar 2.000 Vickers. Por isso, passou a ser interessante a introdução desse carboneto nos aços usados como ferramenta de corte, isto já no final do século XIX. A velocidade de corte passou rapidamente de 5 m/min para 30 m/min. No começo do século XX, a concentração de carboneto de tungstênio em aços chegou a 50%, dando origem a ligas especiais, altamente resistentes ao desgaste. Estávamos a caminho do metal duro. No entanto, passou a ser impossível a obtenção de ligas com teores de carboneto ainda maiores utilizando-se métodos convencionais, com etapa inicial de fusão e solidificação. Partiu-se para misturas de carboneto de tungstênio com um aglomerante metálico, o cobalto, isto na forma de pós. Essas misturas eram então compactadas e sinterizadas.

O metal duro WC-Co, com teores de cobalto de 3, 6, 9, 11, 13 e 15%, mantém suas composições inalteradas até hoje, como pode ser visto na Tabela 7.2, que divide o metal duro em quatro categorias, que são usadas até hoje: K, P, M, e G.

Tabela 7.2 Classificação dos produtos em metal duro

	Aplicação	Composição	Dureza [HV]	Resistência [MPa]
K	Usinagem de cavaco curto (ferro fundido), ligas não ferrosas, plásticos e madeira	WC-Co (Co 4-12%), 0-3% TiC, 0-4% (Ta,Nb)C	1.300-1.800	1.200-2.200
P	Cavaco longo (aços, aços fundidos, e não ferrosos)	WC-TiC-Co WC-TiC-(Ta,Nb)C-Co Co(5-14%)	1.300-1.700	800-1.900
M	Geral	WC-TiC-Co WC-TiC-(Ta,Nb)C-Co Co(6-15%)	1.300-1.700	1.350-2.100
G	Aplicações que não usinagem (furação, corte, conformação)	WC-Co (Co 6-30%)	800-1.600	2.000-3.000

A Figura 7.8 apresenta duas microestruturas típicas de metal duro, uma para o WC-20%Co e outra para o WC-TiC-NbC-9%Co.

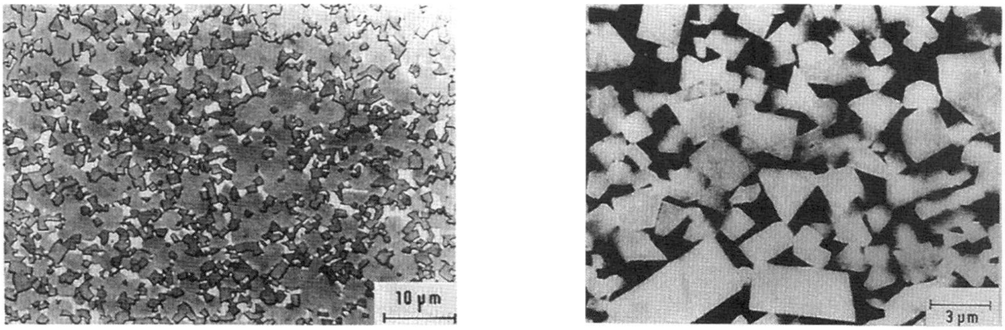

(a) (b)

Figura 7.8 Microestruturas típicas de metal duro, uma para o WC-20%Co (a) e outra para o WC-TiC-NbC-9%Co (b). Microscopia eletrônica de varredura.

A Figura 7.9 apresenta peças em metal duro utilizadas em usinagem e para outras aplicações.

(a) (b)

Figura 7.9 Peças em metal duro utilizadas em usinagem (a) e para outras aplicações (b).

A Figura 7.10 apresenta fluxograma do processo de produção do principal constituinte do metal duro, o carboneto de tungstênio. Processos hidrometalúrgicos convertem o minério de tungstênio, wolframita ou sheelita em um percursor do paratungstato de amônio APT (*amonium paratugstate*), que contém cerca de 87% de óxido de tungstênio (WO_3). A Figura 7.10 apresenta aspecto do APT em imagem de microscópio eletrônico de varredura. O APT é um produto comercialmente disponível, de modo que o processo pode ser iniciado com esta matéria-prima. O APT é, então, calcinado, em atmosfera não oxidante (H_2+N_2), de modo a se obter o trióxido de tungstênio, o WO_3, que é, desta forma, reduzido para obtenção de pós de tungstênio, usados, por exemplo, na fabricação de metal pesado via M/P. O pó de tungstênio pode ser misturado à grafite e aquecido para a obtenção do carboneto WC. O óxido pode ser convertido diretamente em carboneto com a redução e a carburização ocorrendo em uma única etapa.

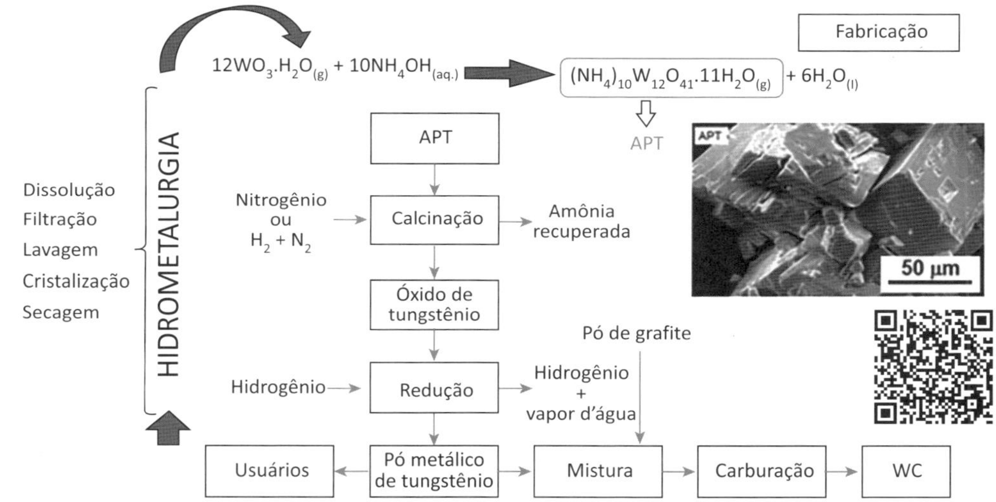

Principais impurezas presentes no APT e teor de WO

WO_3	MO	SIO_2	Fe	Na	K	Mg
87,87%	<0,008%	<0,002%	<0,003%	<0,005%	<0,0024%	<0,001%

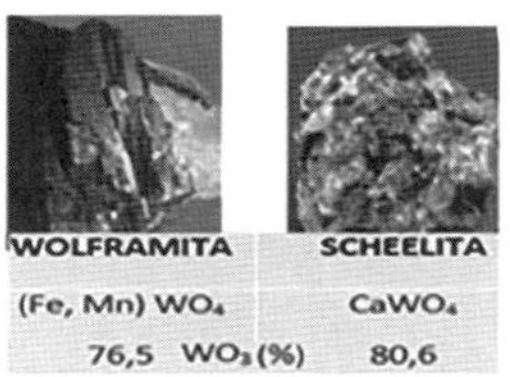

Figura 7.10 Fluxograma do processo de fabricação de metal duro, incluindo as várias combinações possíveis.

A Figura 7.11 apresenta o fluxograma completo para fabricação de metal duro, indo do minério até componentes acabados.

O fluxograma apresenta várias possibilidades, principalmente em termos de conformação, que pode ser por compactação (uniaxial), extrusão, compactação isostática a frio (CIP), compactação isostática a quente (HIP) e a combinação destes. Uma alternativa quanto à conformação é a usinagem de um produto pré-sinterizado. A partir das matérias-primas principais, pós de WC e Co, o fluxograma indica as etapas de mistura/secagem/compactação, pré-sinterização/torneamento, sinterização e acabamento. A compactação pode ser uniaxial ou isostática a frio. As etapas de pré-sinterização e torneamento são para peças que requerem detalhes não obtidos na compactação e difíceis de serem obtidos no produto acabado. Compactação isostática a quente pode ser uma rota para consolidação, mas o usual é sinterização assistida com pressão (sínter-HIP).

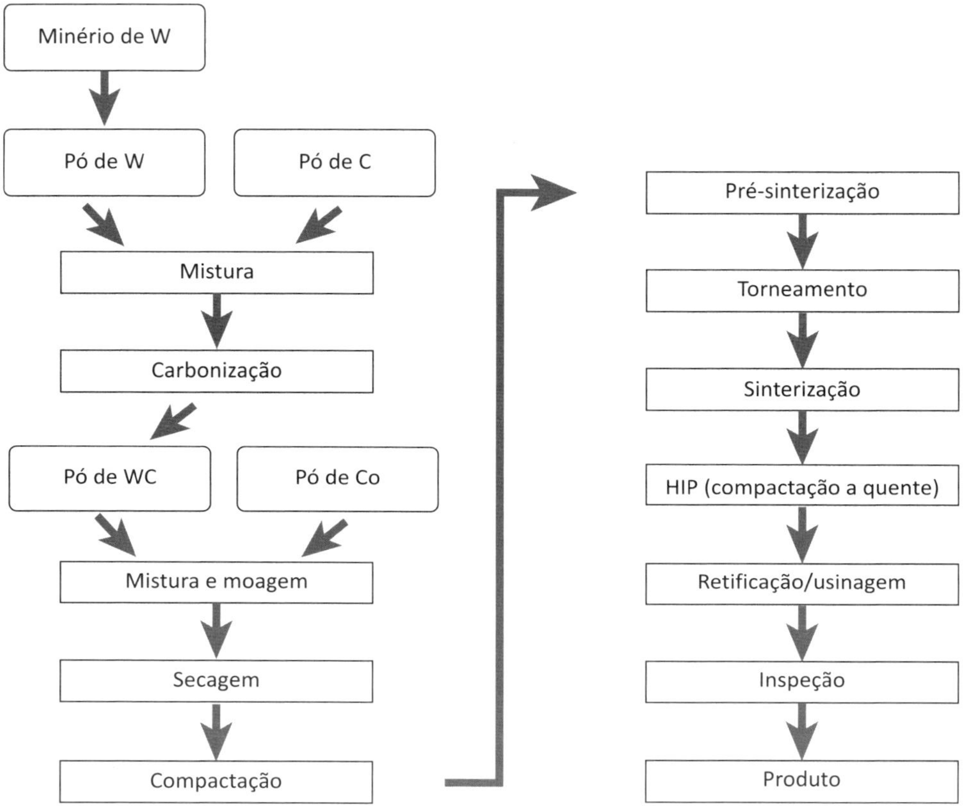

Figura 7.11 Fluxograma do processo de fabricação de metal duro a partir do minério.

A Figura 7.12 apresenta uma tabela contendo propriedades mecânicas de alguns tipos populares de WC-Co. O aumento no teor de cobalto implica uma redução da densidade e da resistência à ruptura transversal, associada a um aumento da resistência à ruptura transversal e à compressão. A Figura 7.13 ilustra, por meio de micrografias, aspectos relacionados com a concentração de cobalto e com o tamanho de grão (TG) do WC, que são os principais aspectos relacionados com propriedades mecânicas e desempenho, particularmente de resistência ao desgaste por atrito.

Composição	Tamanho de grão	Dureza [HRA]	Densidade [g/cm³]	Ruptura transversal [MPa]	Resistência à compressão [MPa]
97WC-3Co	Médio	92,5 - 93,2	15,3	1.590	5.860
94WC-6Co	Fino	92,5 - 93,1	15,0	1.790	5.930
	Médio	91,7 - 92,2	15,0	2.000	5.450
	Grosso	90,5 - 91,5	15,0	2.210	5.170
84WC-16Co	Fino	89,0	13,9	3.380	4.070
	Grosso	86,0 - 87,5	13,9	2.900	3.860
75WC-25Co	Médio	83,0 - 85,0	13,9	2.550	3.100
71WC-12,5TiC-12TaC-4,5Co	Médio	92,1 - 92,8	12,0	1.380	5.790
72WC-8TiC-11,5TaC-8,5Co	Médio	90,7 - 91,5	12,6	1.720	5.170

Figura 7.12 Propriedades mecânicas de algumas classes de metal duro.

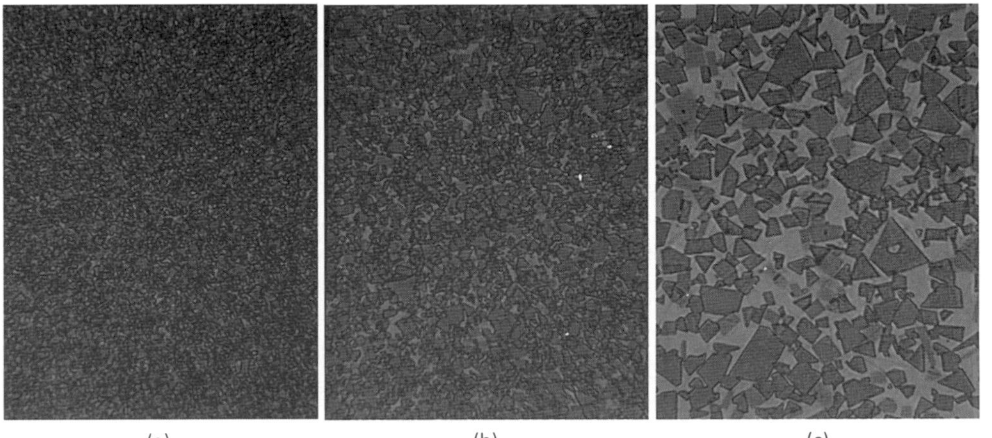

(a) (b) (c)

Figura 7.13 Micrografias de WC-Co: WC0-10Co com TG de 0,7 μm (a); WC-5Co com TG de 2 μm (b); e WC-20Co com TG de 6 μm (c).

Peças em metal duro produzidas a partir de novas formulações e utilizando novos processos têm possibilitado a melhoria do desempenho, ampliando o mercado. Com o objetivo de acompanhar o desenvolvimento desses novos produtos, novas técnicas de caracterização têm sido empregadas. A Figura 7.14 ilustra o resultado de um ensaio que visa a determinar a resistência ao desgaste. Pode-se observar que, quanto maior a dureza do metal duro, melhor seu desempenho, independentemente do abrasivo utilizado, alumina ou sílica.

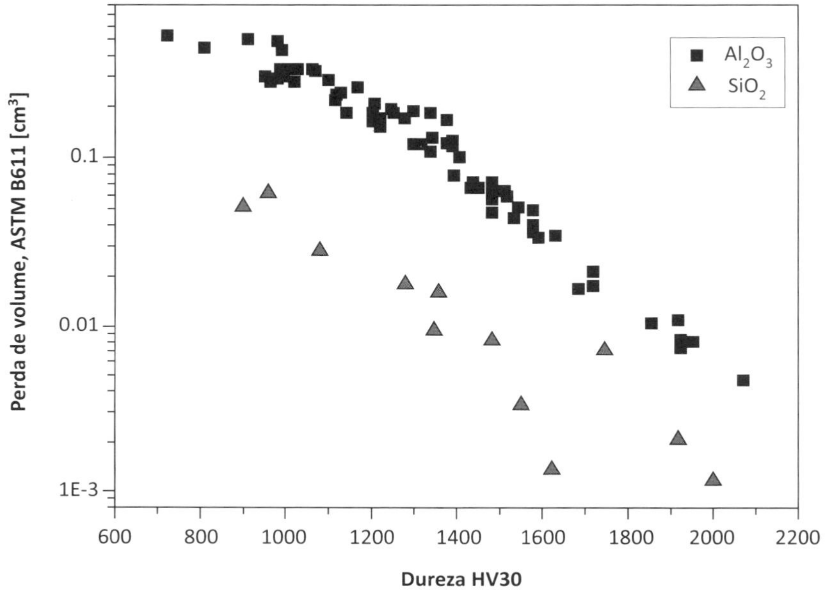

Figura 7.14 Variação da perda de volume, ASTMB661, considerando-se a dureza do metal duro e dois tipos de abrasivos (alumina e sílica).

Para determinar mecanismos de desgastes, inúmeros ensaios têm sido propostos. A observação direta de um risco produzido em condições padronizadas é uma alternativa, como ilustrado na Figura 7. 15. Microtrincas nucleadas pelo risco podem fornecer informações valiosas, tanto na caracterização do produto como no desenvolvimento de novas classes de metal duro.

Como já discutido, o efeito do tamanho de grão no desempenho do metal duro é acentuado. Isso torna a medida desse tamanho de grão particularmente interessante. Alguns procedimentos de medida indireta, envolvendo medidas magnéticas, são usuais. Técnicas mais sofisticadas para uma medida direta têm sido avaliadas, sendo uma delas a utilização de imagens de *electron backscatter diffraction* (EBSD), como ilustrado na Figura 7.16.

Figura 7.15 Micrografias eletrônicas mostrando a nucleação de trincas como resultado de risco produzido em condições padronizadas.

Figura 7.16 Imagem de *electron backscatter diffraction* (EBSD) de amostra de metal duro melhorando definição e facilitando a determinação do tamanho de grão.

A Figura 7.17 apresenta resultados recentes relacionados com a produção de metal duro, em uma versão na qual o carboneto de tungstênio é substituído pelo de nióbio, e o cobalto, pelo níquel. A aplicação investigada é como rolete-guia na laminação de produtos longos. Como o rolete rotaciona, a densidade passa a ser importante, e essa versão tem densidade cerca de 50% da versão convencional em WC-Co. O desempenho para essa aplicação tem sido muito satisfatório.

Figura 7.17 Processo de fabricação de roletes-guia em metal duro na versão NbC-20Ni. Detalhes quanto à microestrutura e às propriedades.

Esforços recentes têm sido direcionados para a manufatura aditiva de metal duro. A Figura 7.18 resume um desses esforços por meio de uma avaliação microestrutural. Todas as imagens da figura são para ligas WC-30Co, WC30Ni ou WC-30(Co,Ni), e todas as amostras foram produzidas por L-PBF com uma densidade de energia de 333 J/mm^3. Percebe-se que as microestruturas são muito heterogêneas. Vemos em 7.18a duas regiões para uma mesma amostra WC-30Co que possui tamanhos de carbonetos muito diferentes. Em 7.18b, fica claro que houve fusão com a incidência do laser. Parece ser um processo difícil de controlar se o objetivo é o de produzir componentes com microestruturas equivalentes àquelas obtidas por processos convencionais, que envolvem sinterização com fase líquida. Alternativa seria o uso de processos indiretos de manufatura aditiva.

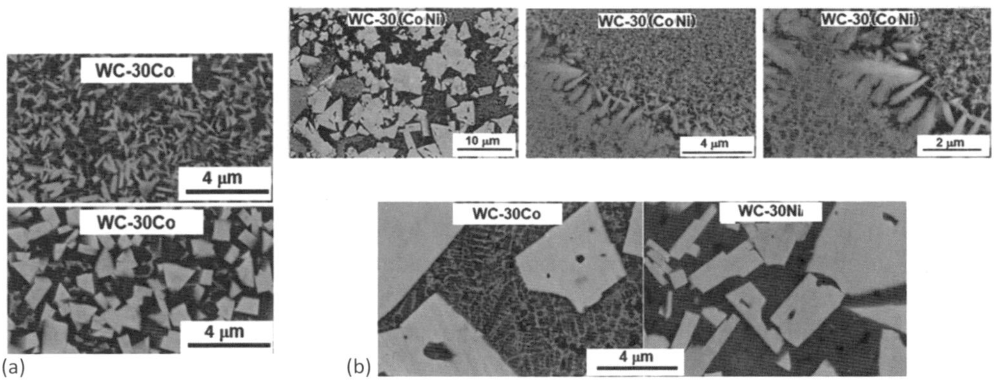

Figura 7.18 Imagens de microscopia eletrônica de varredura para metais duros WC-30Co, WC30Ni e WC-30(Co,Ni). Amostras produzidas por L-PBF com densidade de energia de 333 J/mm^3.

7.3 MATERIAIS MAGNÉTICOS: ÍMÃS E MATERIAIS MOLES

Materiais magnéticos são basicamente utilizados em dispositivos eletromagnéticos e podem ser divididos em duas grandes classes: os materiais magneticamente moles, de alta permeabilidade magnética, e os chamados materiais magneticamente duros, ou seja, ímãs permanentes. A Figura 7.19 ilustra a função de cada uma dessas duas categorias de materiais magnéticos.

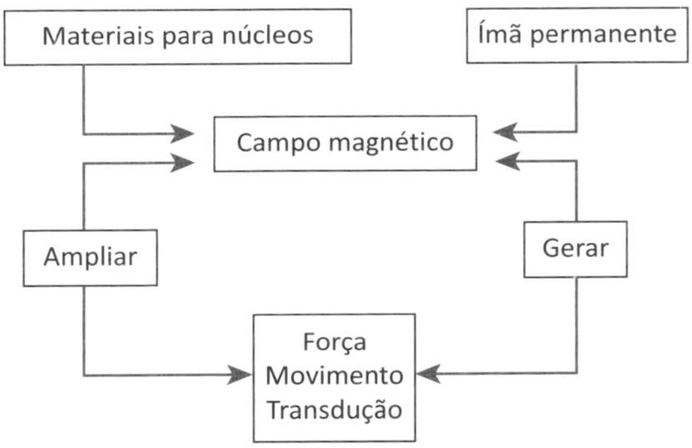

Ilustração relativa à função das duas classes de materiais magnéticos: moles (núcleos) e ímãs. Os materiais para núcleos devem possuir boa capacidade de "amplificação" do campo magnético, como o que é produzido por uma bobina. Por outro lado, os ímãs devem possuir boa capacidade de armazenamento de campo magnético, para que funcionem como geradores de campo, quando de sua utilização.

Figura 7.19 Classificação de materiais magnéticos.

A Figura 7.20 apresenta curva de magnetização e histerese para um material magneticamente mole. Um campo magnético externo, gerado por uma bobina, por exemplo, é aplicado ao material, e a capacidade de amplificar este campo é medida pela indução, mais precisamente pela razão entre indução e campo aplicado. A partir de um determinado campo aplicado, a indução não varia mais, e dizemos que o material está saturado, ou chegou à saturação.

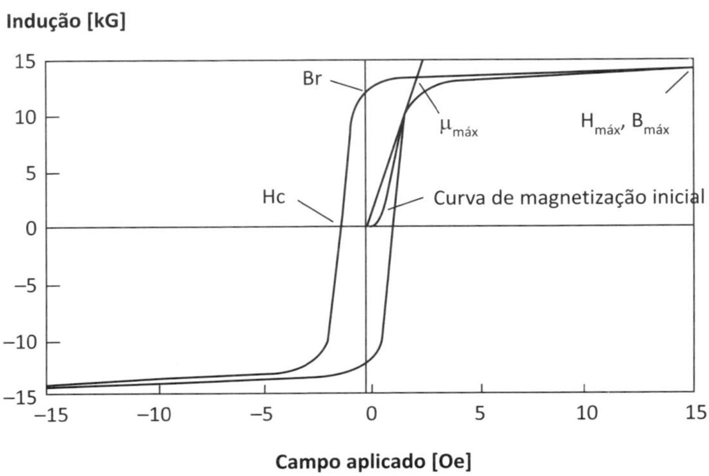

Figura 7.20 Curva de magnetização e histerese para um material magneticamente mole.

A Figura 7.21 classifica os materiais segundo resposta a um campo magnético externo aplicado. Uma barra de um material ferromagnético colocada no interior de uma bobina percorrida por uma corrente elétrica ampliará em muitas vezes o campo gerado apenas pela bobina, H, razão entre o produto do número de espiras (N) pela corrente elétrica (I) e o comprimento da bobina, l. Assim, H é igual a NI/l. O tanto de campo amplificado pelo material é a magnetização J (M), propriedade intrínseca dos materiais ferromagnéticos. O resultado do campo, considerando-se bobina e material, é a indução magnética, B. Se a resposta ao campo (indução) é muito baixa, o material é paramagnético. Se é muito baixa e no sentido oposta, o material é diamagnético.

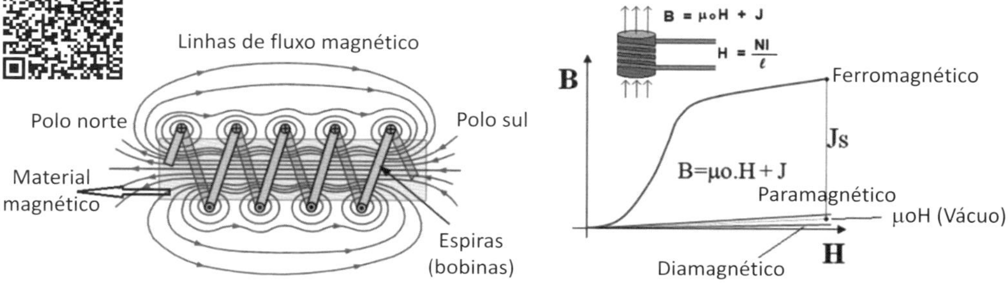

Figura 7.21 Classificação dos materiais segundo resposta a um campo magnético aplicado.

Unidades para propriedades magnéticas dos materiais ainda são comumente apresentadas no sistema CGS. A Figura 7.22 compara esse sistema com o internacional e apresenta uma tabela para conversão.

x d[g/cm³] = emu/g, adequado em VSM
1 A/m = 10^{-3} emu/cm³, ou seja, emu/g*d[g/cm³] x 12 = Oe ~ G

CGS

$B = H + 4.\pi.M = \mu_r.H$
- B – Indução (Gauss – G)
- H – Campo magnético (Oersted – Oe)
- M – Magnetização (emu/cm³)
- μ_r – Permeabilidade relativa (adimensional)
- χ = Susceptibilidade (adimensional)

Internacional

$B = \mu_o.H + J = \mu_r.\mu_o.H$
- B – Indução (Tesla – T)
- H – Campo magnético (A/m)
- J – Polarização magnética (T)
- μ_o – Permeabilidade absoluta do vácuo >> $4.\pi.10^{-7}$ (Henry/m)
- μ_r = Permeabilidade relativa = J/H

Propriedade	Unidade SI	Multiplique por	Unidade CGS
Indução (B)	Tesla (T)	10^4	Gauss (G)
Campo (H)	A/m	~0,012	Oersted (Oe)

Figura 7.22 Os dois sistemas de unidades ainda muito usados na determinação das propriedades magnéticas dos materiais, e como convertê-los.

A Figura 7.23 compara curvas de histerese entre materiais magneticamente moles e materiais magneticamente duros (ímãs). Materiais moles são fáceis de magnetizar e desmagnetizar, diferentemente dos ímãs. A área da curva de histerese pode ser traduzida na energia armazenada em cada ciclo. Ímãs passam apenas por um ciclo de magnetização, já os materiais moles são normalmente magnetizados e desmagnetizados algumas vezes por segundo, dependendo da frequência, e a aérea acaba refletindo uma perda.

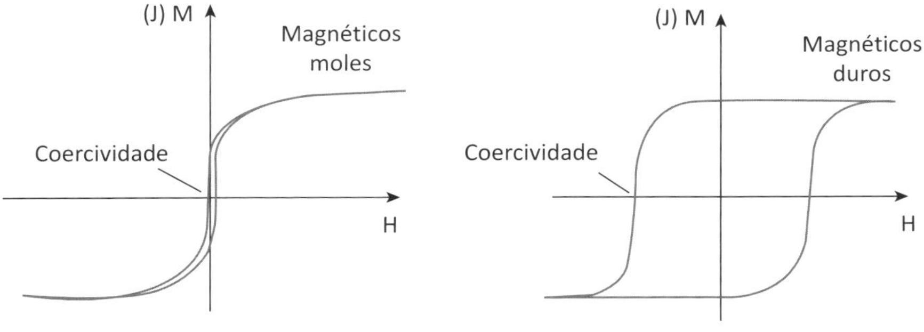

Figura 7.23 Curvas de histerese comparando materiais magneticamente moles e duros (ímãs).

7.3.1 MATERIAIS MAGNETICAMENTE MOLES

Para a construção dos núcleos (rotores e estatores) são normalmente utilizadas chapas de aço, isoladas eletricamente, para que haja uma restrição às correntes parasitas, que criam campos magnéticos que se opõem ao gerado pela bobina, limitando o rendimento global do conjunto bobina/núcleo. Uma alternativa às chapas são os núcleos produzidos por metalurgia do pó. Para aplicações em frequências muito baixas (baixo impacto das correntes parasitas), núcleos sinterizados podem ser utilizados; porém, para altas frequências, uma alternativa é a conformação por compressão de "pacotes" compostos por partículas isoladas eletricamente, os chamados *soft magnetic composites* (SMC).

A Figura 7.24 ilustra medida magnética para material magneticamente mole. Normalmente, são usados corpos de prova na forma de toroides (anéis), sobre os quais são enrolados primário e secundário, como se fosse um transformador. O campo (H) é aplicado no primário, e a tensão induzida (proporcional à indução magnética, B), medida no secundário. Dessa forma, temos a curva de magnetização inicial, como ilustrado na figura. Reduzindo-se a corrente elétrica, temos a remanência, indução para campo aplicado igual a zero, e, invertendo-se a corrente, determinamos a coercividade, campo necessário para levar indução à zero. A permeabilidade magnética máxima é a máxima razão entre B e H, coeficiente angular conforme ilustrado na figura.

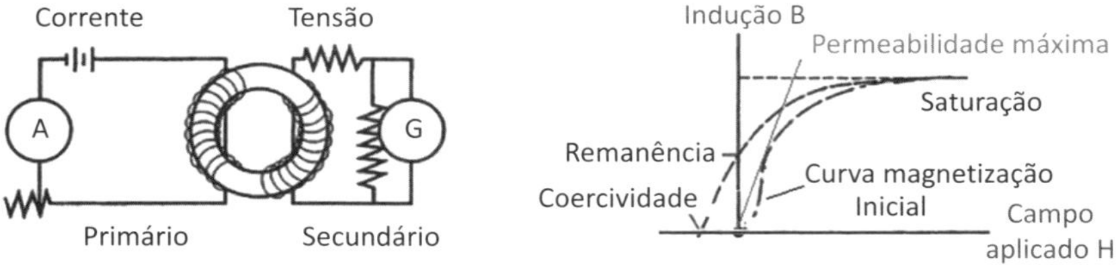

Figura 7.24 Valores de permeabilidade magnética máxima para alguns materiais sinterizados, magneticamente moles.

Em termos de composição química, os materiais magneticamente moles, sinterizados, são similares aos laminados, ou mesmo fundidos. Temos, portanto, desde o ferro puro até ligas mais sofisticadas, como as ligas ferro-níquel (*permalloy*), passando por ligas ferro-silício, ferro-fósforo, aços inoxidáveis ferríticos, dentre outras. A Tabela 7.3 apresenta valores de propriedades magnéticas de alguns produtos sinterizados, comparando-as com materiais produzidos convencionalmente. O efeito da porosidade é evidente na redução da indução e da permeabilidade (razão entre campo induzido e aplicado) máxima, bem como no aumento da coercividade. O uso de produtos sinterizados, nesse caso, reside na possiblidade de se produzirem peças de modo mais eficiente (econômico), com geometrias mais complexas, desde que as propriedades magnéticas obtidas sejam compatíveis com o desempenho desejado.

O efeito da densidade fica claro se compararmos valores das propriedades para ferro convencional com ferro sinterizado. A permeabilidade máxima, por exemplo, cai de 5.000 para valores inferiores a 3.000. Mesmo para ferro sinterizado, a permeabilidade cai de 2.500, para material com 7,2 g/cm^3, para 1.800, quando a densidade é de 6,6 g/cm^3.

Como fica claro na Tabela 7.3, algumas propriedades dependem da condição de ensaio, como o campo (H) máximo aplicado. Muitas das propriedades magnéticas, como permeabilidade e coercividade, dependem da microestrutura, e, portanto, de tratamentos térmicos aplicados. De um modo geral, quanto mais mole mecanicamente estiver o material, melhor será magneticamente. A adição de fósforo, assim como de silício, melhora a permeabilidade magnética e aumenta a resistividade elétrica, importante para aplicações em corrente alternada. Ligas Fe-Ni são as que possuem maior permeabilidade.

Tabela 7.3 Valores de propriedades magnéticas comparando materiais convencionais com os produzidos por metalurgia do pó (sinterizados)

Material	Densidade [g/cm³]	$B_{máx}$ [T]	B_r [T]	$\mu_{máx}$	Coercividade [A/m]
Materiais convencionais					
Co puro	8,80	1,87	0,49	245	708
Fe puro	7,87	2,15	11,8	5.000	80
Ni puro	8,90	0,16	0,3	1.240	167
Fe3%Si	7,65	2,0		8.000	56
Fe50%Ni	8,20	1,6	0,8	70.000	4,0
Inox 430F	7,62	1,2	0,6	2.000	160
Fe puro sinterizado – efeito da densidade					
H = 15 Oe	6,6	0,9	0,8	1.800	175
H = 15 Oe	6,9	1,0	0,9	2.100	
H = 15 Oe	7,2	1,2	1,1	2.500	160
Fe puro sinterizado – efeito do campo aplicado					
H = 15 Oe	7,0	1,09	0,97	2.400	135
H = 25 Oe	7,0	1,15	1,00	2.400	135
H = 100 Oe	7,0	1,35	1,10	2.400	135
Fe-0,45%P sinterizado – efeito do campo aplicado					
H = 15 Oe	7,0	1,19	1,12	3.300	127
H = 25 Oe	7,0	1,24	1,14	3.300	127
H = 100 Oe	7,0	1,43	1,24	3.300	127
Fe-50%Ni sinterizado – efeito do campo aplicado					
H = 15 Oe	7,2	0,99	0,81	12.300	0,28
H = 25 Oe	7,2	1,01	0,84	12.300	0,28
H = 100 Oe	7,2	1,14	0,88	12.300	0,28

A Figura 7.25 mostra algumas peças metálicas, magneticamente moles, produzidas por metalurgia do pó. Um campo magnético externo, gerado por uma bobina, aplicado a estes componentes, induzirá um campo consideravelmente maior, utilizado, em muitos dos casos, para produção de força e movimento.

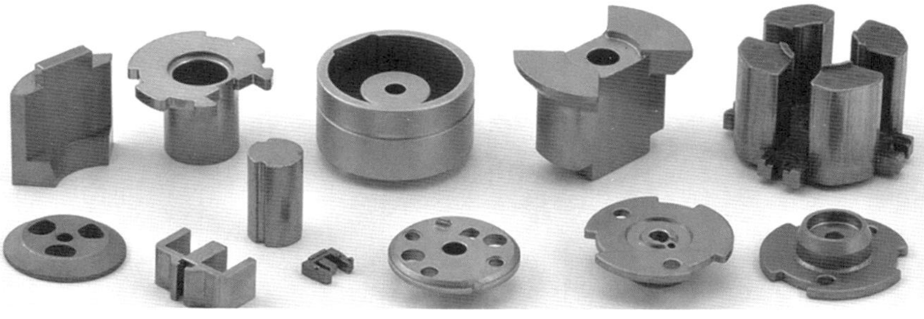

Figura 7.25 Exemplos de peças sinterizadas, magneticamente moles, para diversas aplicações.

Como já mencionado, uma classe de materiais magnéticos moles produzidos por metalurgia do pó que podem ser utilizados em altas frequências são os *insulated powders*, ou *soft magnetic composites* (SMC). A ideia é a mesma aplicada aos pacotes de chapas de aços elétricos: promover uma contenção das correntes parasitas pela isolação elétrica de regiões tão pequenas quanto possível.

Alguns produtores de pós fornecem matérias-primas para obtenção de produtos com essas características. Estamos falando de pós isolados eletricamente (resina ou óxido), aglomerados, prontos para a compactação, que pode ser realizada com leve aquecimento (*warm compaction*). O compactado pode, então, ser submetido a um tratamento térmico de baixa temperatura para redução das tensões mecânicas induzidas na compactação. A Figura 7.26 ilustra o processo de fabricação destes SCMs. O ideal é produzir uma isolação elétrica na superfície de cada uma das partículas de ferro que não seja rompida na compactação. Para melhorar desempenho, o objetivo é obter a maior densidade a verde (como compactado) possível. A adição de aglomerantes (aglutinantes) pode ser necessária, já que não haverá sinterização após a compactação, mas apenas um tratamento térmico em uma temperatura tão elevada quanto possível, mas que não prejudique nem o isolamento nem a aglomeração.

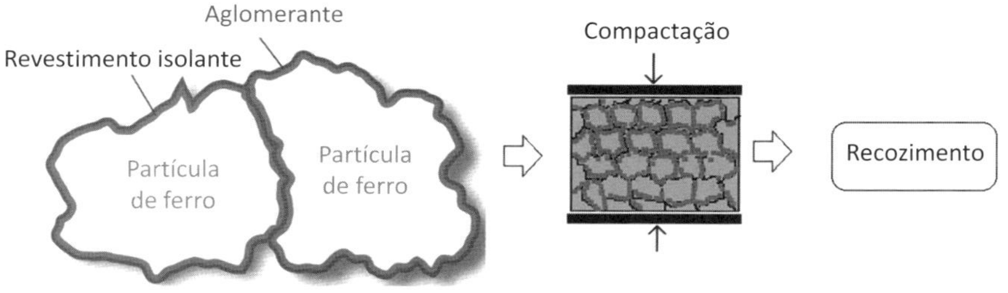

Figura 7.26 Ilustração do processo de fabricação dos *Soft Magnetic Composites* (SMC).

A Figura 7.27 apresenta dispositivo eletromagnético projetado especificamente para SMCs, aproveitando o caráter tridimensional do fluxo magnético, não possível no caso de pacotes de chapas de aços elétricos.

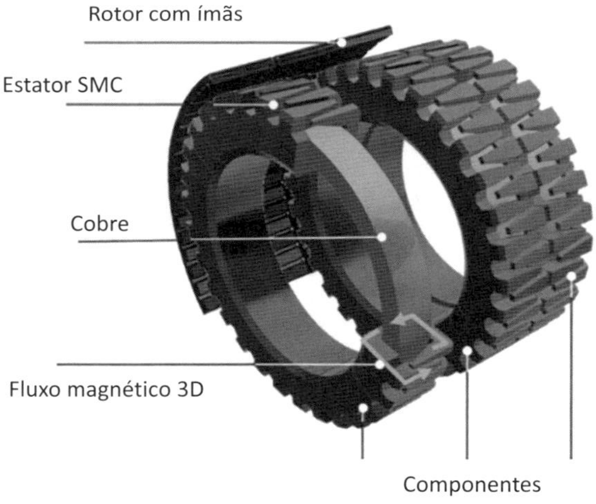

Figura 7.27 Exemplo de dispositivo eletromagnético usando SMC e da possibilidade de se trabalhar com fluxo tridimensional.

7.3.2 ÍMÃS PERMANENTES

A principal relação entre metalurgia do pó e ímãs está na possibilidade de se orientarem partículas monocristalinas, de modo a desenvolver propriedades magnéticas muito superiores às dos ímãs não orientados (isotrópicos). A Figura 7.28 ilustra o processo de orientação, que geralmente ocorre na cavidade de uma matriz (ferramenta de compactação) e é seguido de compactação e sinterização. A orientação é seguida de compactação e sinterização. Essa orientação se dá pela aplicação de um campo magnético por uma bobina posicionada ao redor de uma matriz de compactação, na cavidade da qual o pó a ser compactado está confinado. A capacidade de orientação no sentido desse campo externo aplicado depende de vários fatores, sendo que os mais importantes são a constituição do material (ferrite, terra-rara etc.) e o tamanho das partículas. Quanto maior o grau de orientação, melhores serão as propriedades magnéticas do ímã sinterizado.

Figura 7.28 Partículas monocristalinas sendo alinhadas segundo o campo magnético externo, aplicado durante compactação.

O desenvolvimento cronológico das propriedades magnéticas dos ímãs é ilustrado na Figura 7.29. A característica magnética apresentada na coordenada é o produto energético do ímã, que reflete sua capacidade de armazenar energia, de modo que, durante seu uso, possa aplicar campo magnético em um determinado volume, sem a presença de uma bobina. Quanto maior esse produto de energia, menor será o ímã necessário para a geração de um determinado campo num determinado volume, ou seja, mais "forte" é o ímã. São apresentados separadamente os ímãs cerâmicos (ferrites) dos metálicos, aços, alnicos, SmCo e NdFeB. A década de 1950 é marcada pelo desenvolvimento de anisotropia via metalurgia do pó, com o surgimento das ferrites anisotrópicas. Na década de 1970, é verificada uma "explosão" de propriedades magnéticas com o surgimento dos ímãs sinterizados de terras-raras.

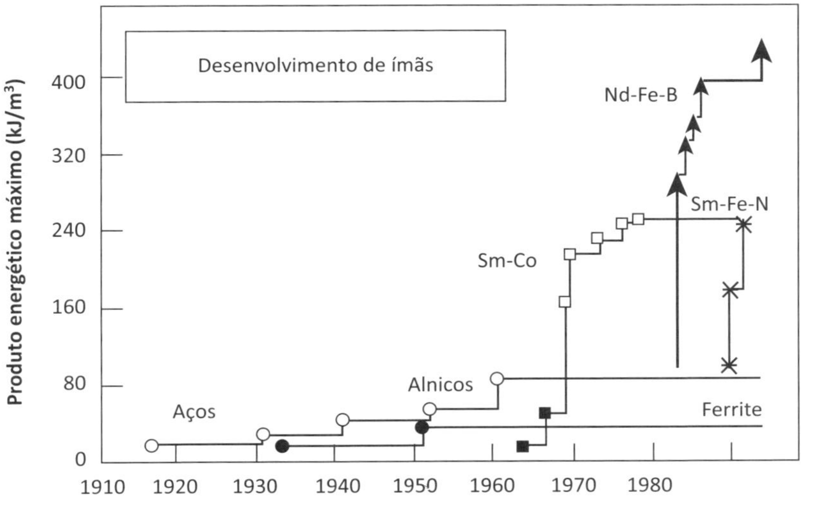

Figura 7.29 Desenvolvimento cronológico de ímãs.

Os ímãs de ferrite, desenvolvidos por volta de 1950, são os percursores da utilização da metalurgia do pó na fabricação de ímãs orientados, anisotrópicos. Os ímãs de terras-raras (Sm-Co e Nd-Fe-B), desenvolvidos a partir da década de 1970, são processados de forma similar à empregada na fabricação de ímãs de ferrite.

Uma outra classe de ímãs que associa a metalurgia do pó com processos de conformação de plásticos é a dos chamados ímãs aglomerados (*bonded magnets*). Uma mistura de um polímero, como material termoplástico, por exemplo náilon, com pós de ferrite, pós de terras-raras, ou mesmo misturas de ferrite com terras-raras (híbridos), pode ser injetada, como se fosse um plástico de engenharia. Dessa forma, é possível a obtenção de ímãs com formato complexo, havendo ainda a possibilidade de produção de peças multicomponentes, em que o ímã seria injetado em "insertos" colocados na cavidade do molde de injeção. Outras técnicas de conformação, como extrusão, compressão e calandragem, também podem ser empregadas nos aglomerados.

A Figura 7.30 apresenta curvas de histerese usadas na caracterização magnética de ímãs. Vemos quatro quadrantes em uma das imagens e dois quadrantes na outra. É comum para ímãs, separar as propriedades intrínsecas, de modo a termos só a curva de campo aplicado, H, e magnetização, $4\pi M$. O segundo quadrante é o que define, de fato, o desempenho do ímã, definindo os valores de remanência, $4\pi M_r$ e coercividades, intrínseca (H_{ci}) e não (H_c). O formato da curva no segundo quadrante é importante para definir o ponto de operação de um ímã em um circuito aberto. Quanto mais quadrada a curva, melhor. Uma maneira simples de quantificar essa quadratura é por meio do H_k, valor de campo para uma perda de remanência de 10% (90% do $4\pi M_r$).

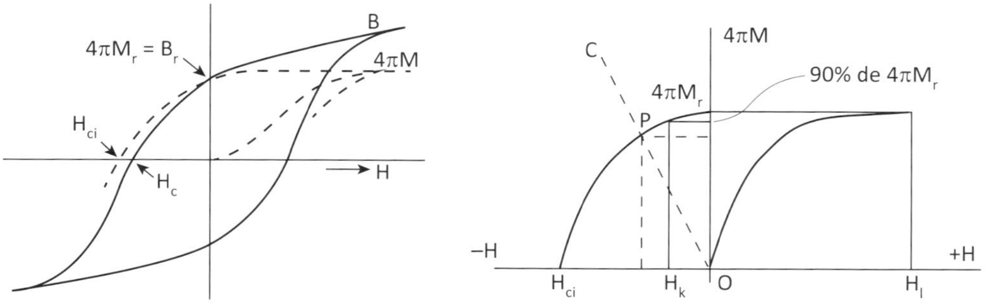

Figura 7.30 Curvas de histerese normalmente empregadas na caracterização de ímãs.

A Figura 7.31 apresenta o segundo quadrante de curvas de histerese para diferentes ímãs usados industrialmente. Desses, o único que não é feito a partir de pós é o alnico, que ainda é usado em algumas poucas aplicações, não só pelas limitadas propriedades, mas pelo elevado custo de um dos constituintes, o cobalto. A curva para ferrite é para uma classe anisotrópica e possui coercividade e remanência bem mais baixas que as para os ímãs de terras-raras, NdFeB e SmCo, No entanto, os preços para ímãs de ferrite são muito inferiores e continuarão sendo, aos verificados para ímãs de terras-raras.

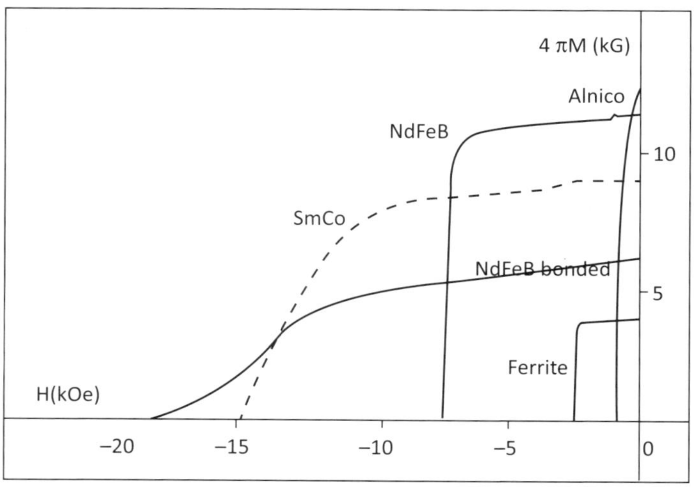

Figura 7.31 Curvas de histerese, segundo quadrante, para os principais ímãs usados industrialmente.

A seleção de ímãs adequados considerando-se o desempenho, o custo e a aplicação passa por diversas análises, como:

- o objetivo é o máximo desempenho ou o menor custo? Preços dos ímãs permanentes variam bastante. Os ímãs de ferrite são os de menor custo, o que justifica sua larga utilização;

- existe limites de tamanho ou peso? Ímãs permanentes são utilizados em dispositivos eletromagnéticos que podem sofrer restrições de tamanho e peso;
- a magnetização pode ser realizada depois da montagem? Campos magnéticos intensos dificultam montagem;
- existe interferência no circuito magnético durante operação? O campo magnético gerado pelo ímã interfere, ou pode interferir, em dispositivos eletrônicos, havendo a necessidade de novo layout ou utilização de blindagens;
- qual é o tratamento superficial que deve ser aplicado ao ímã? Há problemas de rugosidade ou resistência à corrosão? Os ímãs de terras-raras, por exemplo, são muito suscetíveis à corrosão e, por isso, são normalmente revestidos;
- qual é o intervalo de temperatura a que será sujeito o ímã? as propriedades magnéticas variam com a temperatura. A definição do intervalo de temperatura de operação é ponto fundamental a ser considerado na especificação do ímã. As propriedades magnéticas de ímãs de terras-raras sofrem muito com o aquecimento. No caso particular dos ímãs aglomerados, o comportamento com a temperatura do composto orgânico deve também ser considerado;
- no caso de fixação magnética: qual a força necessária? O contato é direto ou existe entreferro? Quais as dimensões do material a ser fixado? Qual é a condição superficial do material a ser fixado? Quais as propriedades magnéticas do material a ser fixado?
- No caso de máquina rotativa: qual é o desempenho necessário? O ímã está no estator ou no rotor? Qual é a rotação?
- No caso de alto-falantes: qual é a dimensão do entreferro? Qual é o campo necessário no entreferro?

7.4 MATERIAIS ELÉTRICOS: CONTATOS E ESCOVAS

7.4.1 CONTATOS ELÉTRICOS

O desenvolvimento de materiais para contatos elétricos baseia-se principalmente no desenvolvimento de materiais compostos, misturando-se materiais metálicos com não metálicos. A questão da incorporação do material não metálico, por exemplo um óxido ou grafite, passa a ser muito importante. Os primeiros contatos desenvolvidos foram totalmente em platina, isso no século XIX, como uma necessidade para os sistemas de comunicação (telégrafos). No início do século XX, peças em cobre e grafite baratearam muito essa classe de materiais. Contatos de tungstênio tiveram origem no início do século XX, por volta de 1915. A combinação da alta resistência à abrasão do tungstênio com a boa condutividade elétrica do cobre foi um passo importante, sendo de 1923 uma patente da General Electric que descreve a fabricação de contato com essa configuração, produzido com a técnica de infiltração.

A substituição do cobre pela prata e a produção de pastilhas sinterizadas foi um grande passo no desenvolvimento dos contatos elétricos entre 1940 e 1945. A M/P ainda hoje é utilizada na fabricação de contatos elétricos, utilizando o sistema prata-óxido de cádmio, desenvolvido em meados do século XX.

Pela própria definição, contatos elétricos são utilizados para conduzir corrente elétrica entre dois pontos. Uma primeira classificação dos tipos de contatos elétricos é apresentada a seguir:

Normalmente fechado

Inseparáveis: junções de solda, rebite etc.

Separáveis: junções de parafuso, cunhas, conectores de pressão.

Móveis entre si: contatos deslizantes

Intermitente

Semi-interrupção de corrente: plugues selecionadores.

Com interrupção de corrente: contatores, disjuntores etc.

Outra classificação, que agrupa por especificação, considerando-se o tipo de material usado no contato, é apresentada a seguir:

- grupo 1 – contato em chaves praticamente sem carga elétrica, e, dessa forma, a corrente elétrica não afeta a superfície de contato, mesmo abrindo e fechando. Materiais: Ag, Au, Rh e ligas;
- grupo 2 – contatos pata baixas tensões e correntes, de modo que o transporte de material entre os dois polos é realizado em corrente contínua. Materiais: Cu, Ag, Pd e ligas;
- grupo 3 – contatos para cargas médias, em corrente contínua, para os quais pode haver transporte de material entres os polos. Materiais: Cu, Ag, Pd, W e compostos;
- grupo 4 – contatos extremamente solicitados, com elevação de temperatura, podendo ocorrer *burn off* (queima). Materiais: Mo, W e compostos.

O termo *compostos* refere-se aqui à combinação de metais com a presença de segunda fase insolúvel no metal "matriz", mesmo que líquido. Contatos assim são normalmente produzidos por metalurgia do pó. Nessa categoria, encontram-se os seguintes contatos:

- prata-tungstênio com 25 a 50% em peso de Ag;
- prata-carbeto de tungstênio com 35 a 65% em peso de Ag;
- cobre-tungstênio com 20 a 50% em peso de Cu;
- prata-molibdênio com 30 a 50% em peso de Ag;

- prata-óxido de cádmio com 85 a 90% em massa de Ag;
- prata-grafite com 90 a 99% em massa de Ag;
- prata-níquel com 40 a 90% em peso de Ag.

O constituinte adicionado ao condutor elétrico metálico tem como objetivo aumentar a resistência ao "*burn off*" (queima), bem como aumentar a resistência à adesão (solda), funcionando como um "antiaderente". Assim, tungstênio ou carboneto de tungstênio adicionado ao cobre aumenta a resistência à queima. Óxido de cádmio e grafite aumentam a resistência à adesão de contatos de prata, e, por outro lado, níquel, molibdênio, tungstênio e carbeto de tungstênio aumentam a resistência à queima desses mesmos contatos de prata. A seguir, um resumo do processo de fabricação de alguns contatos elétricos:

- contatos de tungstênio (sem adições) são produzidos por laminação de pós ou forja rotativa (*swaging*). Dessa forma, barras longas de até 15 mm de diâmetro podem ser produzidas e fatiadas;
- contatos de prata-grafite são produzidos pela mistura dos pós elementares, compactação (~300 MPa), sinterização entre 700 e 900 °C sob atmosfera inerte ou redutora, sendo, então, recompactados (600-900 MPa). Nos contatos com baixa concentração de grafite, uma densidade relativa próxima de 100% pode ser atingida dessa forma. Produtos acabados podem ser obtidos por estampagem de pré-formas produzidas pela laminação do sinterizado, ou pela produção da pastilha já na compactação. Os contatos elétricos são fixados em suportes, normalmente por brasagem. Como contatos de prata-grafite e prata-óxido de cádmio não brasam bem, um tratamento superficial se faz necessário;
- contatos de prata-níquel podem ser obtidos pela mistura dos pós, compactação (~150 MPa), sinterização (~800 °C) e recompressão. Para se obter uma microestrutura com os constituintes finamente distribuídos, podemos utilizar como matérias-primas pós de níquel-prata obtidos por precipitação;
- contatos de prata-óxido de cádmio podem ser produzidos por metalurgia do pó ou por fusão. Neste caso (fusão), um lingote de prata-cádmio é laminado em placas, ou mesmo extrudado, e o óxido de cádmio é formado por oxidação interna (aquecimento em atmosfera oxidante). Por metalurgia do pó, esses contatos podem ser produzidos da mesma forma que os de prata-grafite.

O processo de produção de contatos de cobre-tungstênio e prata-carboneto de tungstênio depende da proporção dos constituintes. Compostos de tungstênio-cobre com até 60% de tungstênio podem ser obtidos pelo método convencional da mistura, compactação e sinterização (normalmente abaixo do ponto de fusão do cobre) e recompressão. Essas ligas também podem ser laminadas, extrudadas ou mesmo forjadas (*swagging*). Se for adicionado níquel (70W-25Cu-5Ni), esses contatos podem ser sinterizados em fase líquida, como descrito anteriormente, embora a adição de níquel altere a condutividade do contato. Contatos com 60 a 80% de tungstênio são normalmente produzidos por infiltração. A fabricação de contatos de tungstênio-prata, molibdênio-cobre, molibdênio-prata, cobre-carboneto de tungstênio é similar à fabricação de contatos tungstênio-cobre.

7.4.2 ESCOVAS

Um caso particular de contatos elétricos são as escovas. São componentes que transferem corrente elétrica entre um elemento rotativo e outro estacionário em motores elétricos e geradores. Para máquinas de alta tensão e alta corrente, buchas de grafite são mais adequadas, e, no caso de baixa tensão (alta corrente) são necessárias buchas com maior condutividade elétrica.

Enquanto escovas de grafite podem trabalhar com 100 kA/m^2, buchas compostas de grafite e metal chegam a 230 kA/m^2. Escovas de metal-grafite possuem, normalmente a seguinte composição: 5-10% grafite; 0-10% estanho; 0-12% zinco, 0-10% chumbo, sendo o restante cobre. São produzidas pela mistura dos pós constituintes, compactação e sinterização em atmosfera redutora a aproximadamente 850 °C. Escovas com alta concentração de grafite utilizam aglomerantes (resinas) para auxiliar a compactação. A Figura 7.32 apresenta exemplos de escovas, já com os rabichos, utilizadas em máquinas operatrizes de pequeno porte, como furadeiras.

Figura 7.32 Exemplos de escovas cobre-grafite, já com os rabichos.

7.5 MATERIAIS POROSOS

A maior parte dos materiais produzidos por metalurgia do pó tem como característica a presença de poros, sendo a eliminação destes uma exceção, atingida em situações particulares, como em sinterização com fase líquida ou mesmo sinterização sob pressão. Para peças estruturais, para as quais as propriedades mecânicas estão relacionadas com o desempenho, o objetivo é reduzir porosidade a um mínimo economicamente possível. Por outro lado, a porosidade pode ser uma característica funcional necessária, como é o caso dos filtros metálicos sinterizados e de mancais autolubrificantes.

A capacidade de manter uma porosidade desejada, medir tamanho, distribuição e geometria dos poros, bem como determinar relações entre os parâmetros do meio com o desempenho do componente poroso, são fundamentais no âmbito da metalurgia do pó.

Podemos definir porosidade total como a fração em volume não ocupada pelo metal sinterizado. Essa porosidade pode ser interconectada, acessando o meio ao qual o componente sinterizado está exposto, ou fechada, sem contato com o meio. Normalmente, a porosidade fechada é dominante para materiais com densidade relativa (razão entre densidade do sinterizado e densidade teórica) superior a 90%. Se o componente possui menos do que 5% de poros, podemos considerar só a existência de porosidade fechada. Mesmo em materiais com baixíssima densidade, uma certa fração de poros está fechada, e coexistirá com os poros interconectados.

A porosidade do componente sinterizado pode ser medida facilmente se a geometria deste for simples, por meio das medidas de massa, volume e consequente determinação da densidade pela razão entre massa e volume. Alternativamente, pode ser medida por deslocamento d'água, como visto anteriormente, usando-se o princípio de Archimedes.

Uma maneira simples de se separar a porosidade aberta (interconectada) da fechada é por meio de impregnação, conforme Figura 7.33, que apresenta uma ilustração de um material metálico poroso submerso em um líquido (água), que tem acesso à porosidade aberta (interconectada), mas não à fechada. Se o metal sinterizado for removido do líquido, sem que este deixe os poros interconectados, podemos determinar o volume de poros interconectados pela massa de líquido impregnado, desde que conheçamos a densidade desse líquido, na temperatura para a qual a massa foi determinada. A porosidade fechada pode ser determinada pela medida do empuxo do sinterizado impregnado, que pode ser realizada facilmente em uma balança analítica.

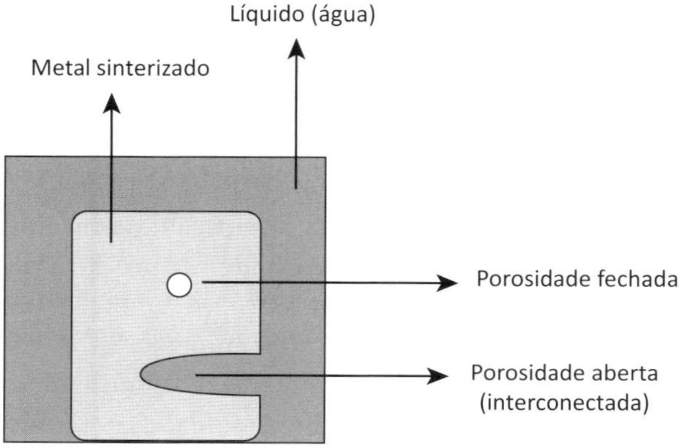

Figura 7.33 Impregnação de sinterizado com um líquido (água) para distinguir porosidade fechada da aberta (interconectada). O volume impregnado, medido por diferença de massa, é igual ao volume de poros interconectados.

A distribuição de tamanhos dos poros é mais propriamente determinada por "porosimetria de mercúrio". Nessa medida, o mercúrio é forçado, por meio de uma pressão *p*, para o interior da estrutura porosa, e o volume impregnado é medido em função da pressão necessária. Essa técnica é empregada para tamanhos entre 0,003 e 100 μm, e uma pressão máxima de 4.000 bar. A relação entre o tamanho do poro (expressa pelo raio *r*) e pressão (*p*) é expressa pela equação de Washburn:

$$r(p) = \frac{2\gamma \cos\theta}{p}$$

em que:

r = raio do poro;

γ = tensão superficial do mercúrio;

θ = ângulo de contato entre o mercúrio e o material (θ fica entre 90 e 180° já que o mercúrio não molha a maior parte dos materiais); e

p = pressão de impregnação.

A seguir, são apresentados dois capítulos (7.5.1 e 7.5.2) para materiais metálicos porosos sinterizados, um para filtros e outro para mancais autolubrificantes. São dois produtos para os quais a porosidade é funcional e que só são possíveis por metalurgia do pó. Filtros são estruturas nas quais os poros interconectados podem reter partículas, filtrando um fluido, ou podem exercer diversas outras funções. Já a estrutura porosa dos mancais serve para armazenar óleo lubrificante, substituindo rolamentos para muitas aplicações, de modo que o óleo vai para a superfície do eixo assim que ele se move, e volta para o interior dos poros do mancal quando não há mais movimento.

7.5.1 FILTROS METÁLICOS SINTERIZADOS

Filtros sinterizados são componentes porosos que somente são produzidos por metalurgia do pó, de modo a preservarmos e controlarmos os poros no produto sinterizado. Podem ser de diversos materiais, sendo os mais comuns os de bronze e os de aço inoxidável. Diferentes formatos, processos de fabricação, permeabilidade e capacidade de retenção podem ser obtidos. Um filtro pode ser produzido por compactação (uniaxial ou isostática) e sinterização ou mesmo por vibração (sem compactação). Técnicas de laminação de pós também podem ser empregadas. A Figura 7.34 apresenta vários tipos de filtros de aço inoxidável. Alguns deles produzidos por compactação uniaxial a frio (CIP). Em alguns, vemos conexões soldadas aos meios porosos.

Figura 7.34 Exemplos de filtros sinterizados em aço inoxidável.

Apesar do nome "filtro" são diversas as aplicações para meios porosos metálicos sinterizados, como ilustrado na Figura 7.35, que vão além da filtração, propriamente dita. Pode ser no borbulhamento de um gás em um líquido, como CO_2 em cervejas, na separação de um particulado de elevado valor, como na recuperação de catalisadores, na aspiração para dosagem, usada na manipulação e embalagem de fármacos, na fluidização, como para finos de carvão usados nas uidades de *pulverized coal injection* (PCI), em usinas siderúrgicas, ou como atenuador de ruídos, como em alguns microfones.

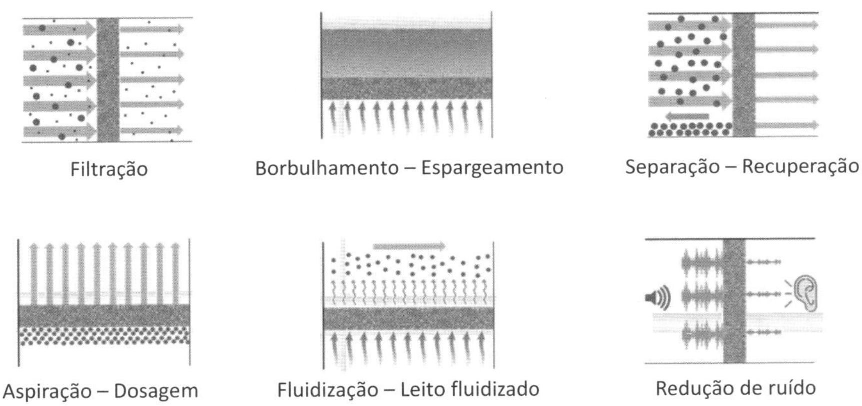

Figura 7.35 Aplicações para meios porosos sinterizados.

Dependendo do formato, filtros podem ser produzidos por compressão uniaxial ou compactação isostática a frio. Peças "baixas" podem ser produzidas convencionalmente (compressão uniaxial); porém, peças mais altas, particularmente na forma de tubos, são produzidas por compactação isostática. De um modo geral, as etapas são as mesmas já apresentadas anteriormente: seleção e mistura dos pós (e lubrificantes), compactação, sinterização e acabamento (se necessário).

7.5.2 MANCAIS AUTOLUBRIFICANTES

Os mancais autolubrificantes caracterizam o exemplo mais clássico de utilização da porosidade existente em peças sinterizadas e associa elevada resistência mecânica com a vantagem da autolubrificação. A lubrificação funciona da seguinte forma: o atrito inicial do eixo com o mancal poroso gera uma certa quantidade de calor, que aumenta a fluidez do óleo contido nos poros interconectados, além de sua dilatação e consequente expulsão do óleo desses poros. Esse óleo é arrastado hidrodinamicamente, formando-se um filme constante que lubrifica e protege o sistema eixo mancal durante a operação. Cessado o movimento do eixo, o óleo é recolhido para os poros por capilaridade.

O material mais usado em mancais é o bronze, comumente chamado "Bronze 90/10" (90% de cobre, 10% de estanho), embora também possam ser utilizados o ferro puro ou uma liga ferro-bronze, desde que as condições operacionais sejam menos críticas sob os pontos de vista de tribologia, corrosão, ruído, vibrações etc. A metalurgia do pó não é a única rota para fabricação de mancais, já que "estruturas perfuradas", como em 7.36a, também podem ser usadas, embora estas possuam capacidade de lubrificação bem menor que a dos sinterizados. A Figura 7.36 compara esses dois tipos de mancais, e em 7.36b, temos os sinterizados, em bronze e em ferro.

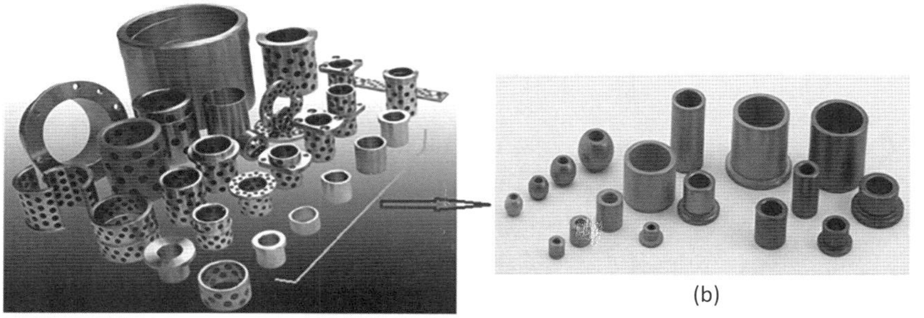

(a) (b)

Figura 7.36 Mancais perfurados (a) e mancais sinterizados (b).

Um dos mais importantes testes mecânicos em mancal é o da resistência à ruptura radial. A resistência radial é determinada pela compressão do mancal entre duas superfícies planas e paralelas, medindo-se, antes do aparecimento da primeira trinca, a carga máxima suportada. A direção da carga, durante o teste, deve ser normal ao eixo longitudinal da peça. O teste de compressão aplica-se somente a mancais cilíndricos. Quando o mancal for flangeado, corta-se o corpo do flange. A resistência radial mínima é dada pela fórmula:

$$P = K\frac{Le^2}{D-e}$$

em que:

P = resistência de ruptura radial, em N (ou lbf);

D = diâmetro externo do mancal, em mm (ou in);

e = espessura da parede, em mm (ou in);

L = comprimento do mancal, em mm (ou in);

K = constante de resistência, em N/mm^2 (ou psi).

7.6 COBRE E LIGAS

Produtos sinterizados à base de cobre e suas ligas são dependentes da disponibilidade de matérias-primas, pós de metais e ligas. Atomização (água ou ar) é o processo mais amplamente usado para produção de pós de cobre, bronze, latão, alpaca e demais ligas de cobre. Matérias-primas virgens, ou mesmo "sucata", podem ser usadas na fusão. Para algumas aplicações especiais, pós de cobre podem ser produzidos por redução, hidrometalurgia ou pelo processo eletrolítico. Um aspecto importante a ser considerado na produção de ligas de cobre, por sinterização, é se o pó será pré-ligado, uma mistura de pós elementares, ou pós parcialmente ligados.

De maneira geral, as propriedades físicas e mecânicas para produtos sinterizados de cobre e ligas são comparáveis às obtidas por outros processos de fabricação, desde que a densidade seja próxima da teórica (baixíssima porosidade).

Pós pré-ligados de latão e alpaca são comercialmente disponíveis nas versões com e sem chumbo. Sinterizados de latão comercial têm composição química variando de 90Cu-10Zn a 65Cu-35Zn. As versões 80Zn-20Zn e 70Zn-30Zn, com chumbo, são comumente usadas em componentes estruturais que requeiram usinagem (por isso o chumbo). Um exemplo de alpaca, para sinterização é a de 65Cu-18Ni-17Zn.

Pós de cobre e suas ligas são normalmente compactados uniaxialmente a frio. Partículas devem ser preferencialmente irregulares para um bom intertravamento durante a compactação, garantindo resistência a verde. Atinge-se uma densidade relativa entre 80 a 90% já na compactação.

A sinterização de cobre e ligas de cobre se dá em atmosfera não oxidante (preferencialmente redutora), em temperaturas entre 700 e 900 °C, aproximadamente. A contração linear pode chegar a 10%. Sinterização com fase líquida é uma alternativa, quando necessária. Como em qualquer outro processo de sinterização, a densificação também depende do tamanho de partícula do pó utilizado. A Figura 7.37 apresenta variação de propriedades importantes para cobre sinterizado, em função da densidade alcançada. Condutividade elétrica e alongamento são mais sensíveis à presença de poros do que a resistência à tração.

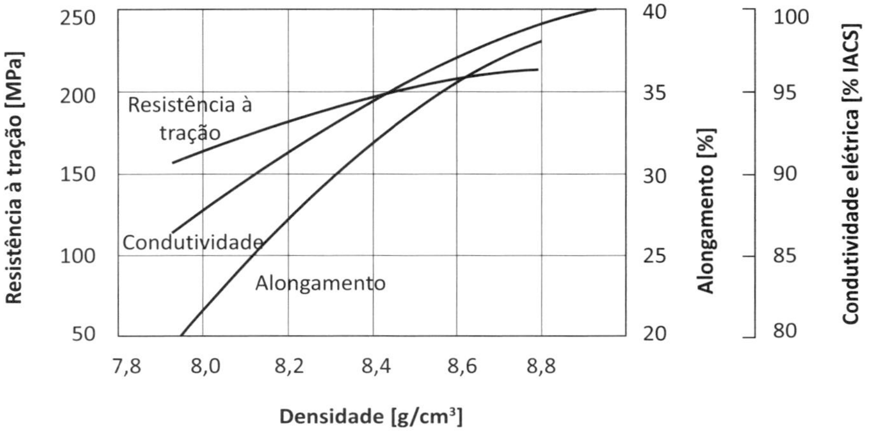

Figura 7.37 Variação de propriedades importantes para cobre sinterizado em função da densidade alcançada.

Cobre metálico sinterizado basicamente não possui aplicação prática; porém, ligas de cobre ocupam cerca de 10% do mercado de produtos sinterizados. Peças porosas sinterizadas em bronze são das mais antigas da metalurgia do pó e são usadas em filtros e buchas (mancais). A composição bronze mais usada é a Cu-10%Sn, com eventuais adições de P e Pb. Latão sinterizado com 10 a 40% de Zn também encontra aplicação em motores. Pós de ligas de cobre são utilizados em materiais de fricção, e um exemplo usado na indústria automobilística são os pós para bronzinas, ligas de cobre ricas em chumbo, que são conformadas por sinterização de pó depositado em superfície de aço. A Figura 7.38 apresenta aspecto de pó atomizado a água utilizado na fabricação de bronzinas.

Figura 7.38 Aspecto de pó para bronzina produzido por atomização a água. Microscopia eletrônica de varredura.

7.7 METAL PESADO

Metal pesado, ou *tungsten heavy alloys* (WHA) são ligas cuja concentração de tungstênio costuma ser maior do que 90% em massa. São produzidas por M/P considerando-se sinterização com fase líquida. Como no metal duro, um *binder* aglomera as partículas de tungstênio, e diferentes aglomerantes metálicos são usados, como Fe-Ni e Cu-Ni. O objetivo é a obtenção de partículas de tungstênio encapsuladas pelo aglomerante. Isso é possível em sinterizações em elevada temperatura, ao redor de 1.450 °C. A norma ASTM B77-15 apresenta questões relacionadas com classes e propriedades. A microestrutura é muito interessante do ponto de vista metalúrgico. A Figura 7.39 apresenta micrografia óptica, com dois aumentos, para uma classe 90W7Ni3Fe. Podemos observar grãos arredondados de tungstênio em uma matriz de Fe-Ni com tungstênio em solução.

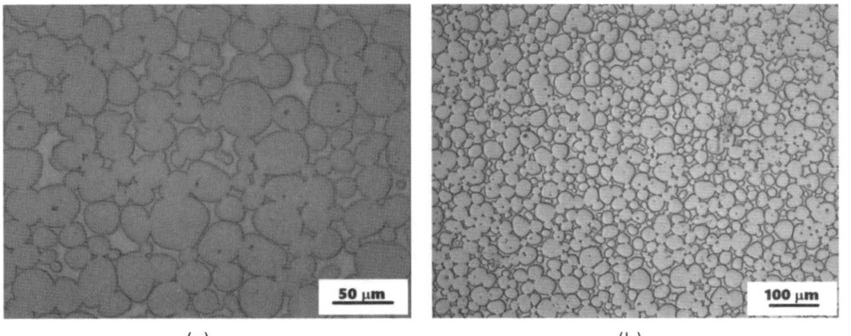

(a) (b)

Figura 7.39 Aspecto de pó para bronzina produzido por atomização a água (a). Microscopia eletrônica de varredura (b).

Em termos de aplicação, podemos mencionar massas para balanceamento (indústria aeronáutica), componentes para balanceamentos de brocas de alta precisão (indústria metalmecânica) e insertos para moldes de fundição de alumínio (metalurgia). A Figura 7.40 apresenta exemplos de peças produzidas em metal pesado.

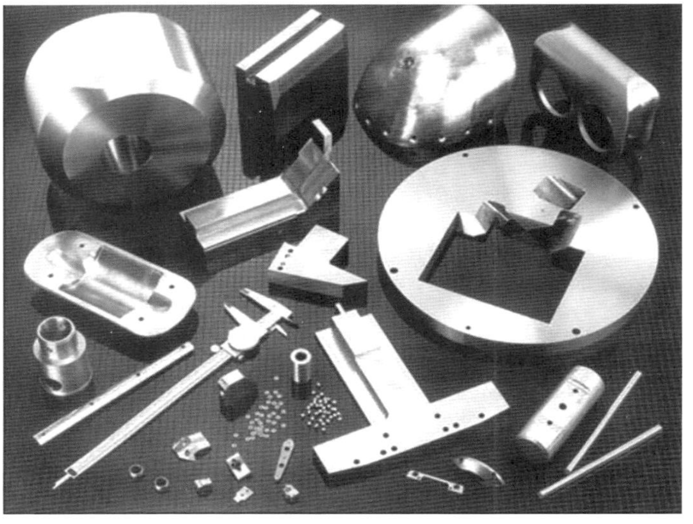

Figura 7.40 Exemplos de peças produzidas em metal pesado.

Com este breve capítulo sobre metal pesado concluímos esta primeira edição de "Metalurgia do Pó – Produtos Sinterizados e Manufatura Aditiva". Passamos por aspectos fundamentais e tecnológicos envolvendo pós metálicos e processos de conformação que os utiliza. Procuramos dar uma visão relacionada com ciência dos materiais, de modo a relacionar processos de fabricação com propriedades e com desempenho. Esperamos em breve apresentar uma segunda edição revisitada e atualizada.

GRÁFICA PAYM
Tel. [11] 4392-3344
paym@graficapaym.com.br